Tobias A. Engesser, Philipp Kurz, Norbert Stock
Synthetische Anorganische Chemie
De Gruyter Studium

Weitere empfehlenswerte Titel

RIEDEL Allgemeine und Anorganische Chemie
Hans-Jürgen Meyer, 2024
ISBN 978-3-11-133588-9, e-ISBN (PDF) 978-3-11-133624-4

RIEDEL Moderne Anorganische Chemie
Christoph Janiak, Hans-Jürgen Meyer, Dietrich Gudat, Carola Schulzke, 2023
ISBN 978-3-11-079007-8, e-ISBN (PDF) 978-3-11-079022-1

Anorganische Chemie
Erwin Riedel, Christoph Janiak, 2022
ISBN 978-3-11-069604-2, e-ISBN (PDF) 978-3-11-069444-4

Übungsbuch
Allgemeine und Anorganische Chemie
Erwin Riedel, Christoph Janiak, 2022
ISBN 978-3-11-070105-0, e-ISBN (PDF) 978-3-11-070106-7

HOLLEMAN/WIBERG
Anorganische Chemie, 2016
Band 1: Grundlagen und Hauptgruppenelemente
ISBN 978-3-11-026932-1, e-ISBN (PDF) 978-3-11-049585-0
Band 2: Nebengruppenelemente, Lanthanoide, Actinoide, Transactinoide
ISBN 978-3-11-049573-7, e-ISBN (PDF) 978-3-11-049590-4

Anorganische Chemie. Prinzipien von Struktur und Reaktivität
James Huheey, Ellen Keiter, Richard Keiter
herausgegeben von Ralf Steudel, 2014
ISBN 978-3-11-030433-6, e-ISBN (PDF) 978-3-11-030795-5,
e-ISBN (EPUB) 978-3-11-037400-1

Tobias A. Engesser, Philipp Kurz, Norbert Stock

Synthetische Anorganische Chemie

Grundkurs

2., überarbeitete und aktualisierte Auflage

DE GRUYTER

Autoren

Dr. Tobias A. Engesser
Christian-Albrechts-Universität zu Kiel
Institut für Anorganische Chemie
Max-Eyth-Str. 2
24118 Kiel
Deutschland
tengesser@ac.uni-kiel.de

Prof. Dr. Norbert Stock
Christian-Albrechts-Universität zu Kiel
Institut für Anorganische Chemie
Max-Eyth-Str. 2
24118 Kiel
Deutschland
stock@ac.uni-kiel.de

Prof. Dr. Philipp Kurz
Albert-Ludwigs-Universität Freiburg
Institut für Anorganische und Analytische Chemie
und Freiburger Materialforschungszentrum (FMF)
Albertstr. 21
79104 Freiburg
Deutschland
philipp.kurz@ac.uni-freiburg.de

Zusatzmaterial online unter: https://ac.uni-kiel.de/synanorgchem

ISBN 978-3-11-067782-9
e-ISBN (PDF) 978-3-11-067784-3
e-ISBN (EPUB) 978-3-11-067810-9

Library of Congress Control Number: 2024950668

Bibliografische Information der Deutschen Nationalbibliothek
Die Deutsche Nationalbibliothek verzeichnet diese Publikation in der Deutschen Nationalbibliografie;
detaillierte bibliografische Daten sind im Internet über
http://dnb.dnb.de abrufbar.

© 2025 Walter de Gruyter GmbH, Berlin/Boston, Genthiner Straße 13, 10785 Berlin
Coverabbildung: Marvin Radke, Tobias A. Engesser
Satz: VTeX UAB, Lithuania

www.degruyter.com
Fragen zur allgemeinen Produktsicherheit:
productsafety@degruyterbrill.com

Vorwort zur zweiten Auflage

Sicherlich hat die COVID-19-Pandemie unser Leben und insbesondere die Bildung stark beeinflusst. In der Welt der Chemie, insbesondere in der synthetischen anorganischen Chemie, stellte die Pandemie die traditionelle Herangehensweise an praktische Kurse und Laborarbeit vor besonders große Herausforderungen. Die Einschränkungen bei der Laborausbildung brachten uns dazu, kreative Wege zu finden, um die Lücke zwischen Theorie und Praxis zu überbrücken. Dies zeigt sich auch in der neuen, zweiten Auflage dieses „Praktikumsbuchs" zur synthetischen anorganischen Chemie.

Da wir während der Pandemie unser traditionelles praktisches Kursprogramm stark einschränken mussten, stiegen wir zum Teil auf virtuelle Ressourcen um. Wir entschieden uns, Experimente in Form von Videos aufzuzeichnen, die es unseren Studierenden ermöglichen sollten, Arbeitsschritte der Laborarbeit zumindest online zu verfolgen. Diese Videos sind nun ein integraler Bestandteil der neuen Ausgabe des Buches und stehen allen Lesern online zur Verfügung (siehe Link am Anfang des Buches im Impressum).

Während wir uns bemühten, diese Videos so anschaulich und informativ wie möglich zu gestalten, möchten wir betonen, dass sie natürlich nur ein beschränkter Ersatz für reale Laborarbeit sind. Wir hoffen jedoch, dass sie dennoch einen wertvollen Beitrag dazu leisten, die Vorbereitung der in unserem Buch beschriebenen Synthesen für Lehrende und Studierende gleichermaßen zu erleichtern und das Verständnis für Konzepte und Techniken der synthetischen anorganischen Chemie zu vertiefen. Des Weiteren ermöglichen sie einen Abgleich der eigenen Beobachtungen mit den in den Filmsequenzen gezeigten Experimenten.

Zusätzlich zum Videomaterial wurde das Buch um sieben Versuche erweitert, die Bereiche oder Substanzklassen der anorganischen Chemie abdecken, welche in der ersten Auflage nicht vertreten waren. So ist die Synthese des Nichtmetalls Selen in seiner roten Modifikation bei den Elementdarstellungen dazugekommen. Als Gruppe 16-Element vervollständigt es die gezeigten Syntheseverfahren für p-Block-Elemente, die zuvor in Teil A des Buches bereits die Gruppen 13 (B), 14 (Si), 15 (Sb und Bi) und 17 (Chlor) abdeckten. Das Prinzip der Dotierung und seiner Effekte auf die Farbeigenschaften kommt nun durch die Synthese eines dotierten Festkörpers mit Apatitstruktur in Teil C ebenso vor wie eine Gelkristallisation mit Silicagel am Beispiel der Bildung von Calciumtartrat-Kristallen in Teil D. Der schön zu verfolgende Farbverlauf der schrittweisen Bildung von $[MoS_4]^{2-}$ aus der Reaktion von $[MoO_4]^{2-}$ mit Schwefelwasserstoff erweitert die Reaktionen mit Gasen in Kapitel F. Als Beispiel für die Herstellung einer Nichtmetall-Verbindung wurde das für diese Substanzklasse verhältnismäßig reaktionsträge Interhalogenidion IBr_2^- mit seiner interessanten Bindungssituation aufgenommen. Die Synthese von homopolyatomaren Kationen ist nun im Abschnitt G des Buchs vertreten. Hier führen Reaktionen von Selen und Tellur mit konzentrierter Schwefelsäure zu intensiven Farben der erhaltenen Lösung, wobei erst in den 1960er Jahren, also über 150 Jahre nach der ersten Durchführung der Experimente um 1800 klar wur-

https://doi.org/10.1515/9783110677843-201

de, dass es sich bei den farbgebenden Spezies um grünes Se_8^{2+} und rotes Te_4^{2+} handelt, beides Moleküle mit ungewöhnlichen Bindungssituationen und Molekülgeometrien.

Zur Vorbereitung dieser 2. Auflage wurde uns freundlicherweise das Praktikumsskript des Grundpraktikums Anorganische Chemie der Albert-Ludwigs-Universität Freiburg vom dortigen Praktikumsleiter Dr. Thilo Ludwig zur Verfügung gestellt. Vielen Dank dafür!

Unser Dank geht auch an die Assistentinnen und Assistenten des Kieler Synthesepraktikums der letzten Jahre, die mit ihren Verbesserungen zur Durchführung zahlreicher Versuche einen sehr wichtigen Beitrag zur neuen Auflage geleistet haben. Besonders möchten wir dabei Nicolas Cosanne, Alexander Koch, Lina Liers, Tobias Melchert, Niels Michaelis, Manh Linh Nguyen, Niklas Ruser und Küpra Yildiz erwähnen.

Ein ganz besonderer Dank geht weiterhin an alle, die an den Videoaufnahmen während der Pandemie beteiligt waren, vor allem Dr. Jan Krahmer und außerdem Marvin Radke, der für die Videoaufnahmen der neuen Versuche verantwortlich ist und bei der Erstellung des neuen Buchcovers mitgeholfen hat.

Wir hoffen, dass dieses Buch weiterhin die Freude an der präparativen, anorganischen Laborarbeit vermitteln und Chemiestudierende bei der Synthese neuer, anorganischer Verbindungen unterstützen möge.

Kiel und Freiburg, im Frühjahr 2025

Tobias A. Engesser,
Philipp Kurz und Norbert Stock

Vorwort zur ersten Auflage

Vor über 100 Jahren erschien ein vom Chemieprofessor Heinrich BILTZ in Kiel konzipiertes, für seine Zeit wohl ungewöhnliches Lehrbuch: die *„Experimentelle Einführung in die Unorganische Chemie"*. Über die auch damals schon übliche theoretische Behandlung der Chemie hinaus hielt BILTZ es für äußerst wichtig, Chemiestudierende von den ersten Semestern an mit der praktischen Laborarbeit vertraut zu machen. Der für eine Naturwissenschaft wie die Chemie übliche Weg von der Beobachtung zur Theorie sollte so geschult werden – zusätzlich hoffte man, eine ganz generelle „Freude an den Erscheinungen" zu fördern – wie sie für eine experimentelle Wissenschaft eine zentrale Voraussetzung ist.

Das Buch, anfangs nur als Skript gedruckt, seit 1905 aber in Buchform erhältlich, muss den Zuständigen für Chemielehrpläne in Deutschland gefallen haben. Es erschien in insgesamt 73 Auflagen, in jahrelanger Arbeit erweitert und überarbeitet von den BILTZ-Schülern Wilhelm KLEMM und Werner FISCHER. Seit 1924 erschien es im Verlag de Gruyter. In der Folge machten viele Generationen von Chemiestudierenden weit über die Universität Kiel hinaus ihre ersten Erfahrungen in der anorganisch-chemischen Laborarbeit im „BKF-Praktikum".

Was machte dieses Praktikum so wertvoll? Von Anfang an versuchten die Autoren, den Studierenden neben den täglichen Handgriffen im Labor auch die chemischen Eigenschaften eines möglichst großen Teils des Periodensystems anhand wichtiger Reaktionen zu vermitteln. Die Experimente waren sehr systematisch nach Elementen geordnet, apparativ wenig aufwendig und im Charakter von „Handversuchen" meist im Reagenzglas durchführbar. In vielen Fällen handelte es sich um sehr rudimentäre „Synthesen" ohne Isolierung des Produktes. Zum Beispiel findet man im Kapitel „Eisen" eine Vorschrift für die Darstellung von Ammoniumeisen(II)-phosphat im Reagenzglas: Aus einer Lösung von Fe^{2+}-Ionen wird die Verbindung durch Umsetzung mit reichlich Ammoniak und Natriumphosphat ausgefällt. Das erhaltene Produkt wird im Versuch aber nicht als Feststoff isoliert, sondern lediglich das Phänomen der Fällung beobachtet. Solche einfachen Versuche ließen sich im Rahmen eines „BKF-Praktikums" auch für zahlreiche Studierende im ersten Semester mit wenigen betreuenden Assistentinnen und Assistenten an fast jeder Universität realisieren. Die angehenden Chemikerinnen und Chemiker wurden so auf hervorragende Weise mit zahlreichen anorganischen Verbindungen vertraut gemacht. Außerdem ließen sich an diesen Beispielen die wichtigsten Konzepte einer jeden Chemie-Grundvorlesung wie chemische Bindung, Löslichkeit, Säuren und Basen, Redoxreaktionen etc. sehr gut wiederholen und vertiefen.

Nun erscheint mit diesem Band wiederum ein Praktikumsbuch für Studienanfänger der Chemie bei de Gruyter, und wiederum handelt es sich um ein Kieler Produkt. Mit unserem Einführungskurs in die synthetische anorganische Chemie versuchen wir vorrangig, einen Beitrag zu einer modernen Laborausbildung zu leisten. Gleichzeitig haben wir uns aber auch bemüht, einige Aspekte der von BILTZ entwickelten Ausbildungsphilosophie weiterzutragen. Daher haben wir bei der Auswahl der Experimente darauf Wert

https://doi.org/10.1515/9783110677843-202

gelegt, Synthesen unter Beteiligung möglichst vieler Elemente, aber auch zur Darstellung möglichst vieler anorganischer Verbindungsklassen in das Praktikumsprogramm aufzunehmen. Außerdem sollten die vorgestellten Reaktionen nach Möglichkeit dazu dienen, zentrale Themen der Grundvorlesungen zur allgemeinen und anorganischen Chemie zu illustrieren.

Unser zentrales Lehr- und Lernziel ist es aber, die Wichtigkeit der Synthese in der anorganischen Chemie zu unterstreichen und die Studierenden der Chemie möglichst früh in der Planung, Durchführung und Auswertung synthetischer Arbeit auszubilden. In vielen Chemiestudiengängen ist die anorganische Chemie in den ersten Semestern allein mit analytischen Praktika vertreten, sodass der Eindruck entstehen könnte, präparatives Arbeiten sei einzig eine Domäne der organischen Chemie. Spätestens im sechsten Semester werden Studierende, die ihre Bachelorarbeiten in anorganisch-chemischen Instituten anfertigen, dann aber feststellen, dass auch in der anorganischen Chemie sehr viele Forschungsprojekte mit Synthesearbeiten beginnen. Um sie darauf besser vorzubereiten, wurde bei uns dieser Grundkurs als erster Schritt einer anorganischen Syntheseausbildung entworfen.

Die im Buch zusammengestellten Synthesen sollen in die Bandbreite anorganischer Stoffklassen, aber auch in die Vielfalt möglicher Darstellungsmethoden einführen. So stellen wir Syntheseverfahren für molekulare Verbindungen und Festkörper vor, beschreiben das Vorgehen bei der Arbeit mit Lösungen, Schmelzen oder Gasen und decken dabei einen experimentellen Temperaturbereich von −20 bis ca. 2000 °C ab. Darüber hinaus bieten wir im letzten Kapitel als Spezialität dieses Buches Vorschriften zum „Nachbau" wichtiger großtechnischer Verfahren im Labormaßstab.

Dabei war es für uns außerdem wichtig, den Aufwand des Kurses im Rahmen der Möglichkeiten eines Praktikums der Grundausbildung zu halten. Vor dem Hintergrund dieser Ziele wurden die Vorschriften über mehrere Jahre in Kiel im Lehrlaborbetrieb getestet und verbessert. Alle Synthesen sind in großen Lehrlaboratorien mit bis zu 30 Studierenden pro Saal an vierstündigen Praktikumsnachmittagen durchführbar. Der Einsatz exotischer Chemikalien, von Gaszylindern mit korrosiven oder giftigen Gasen oder sehr teurer Gerätschaften wurde bewusst vermieden. So sollte sich auch dieses Synthesepraktikum in guter BILTZ'scher Tradition an den meisten Universitäten ohne große Investitionen mit der bereits vorhandenen Lehrlaborausrüstung durchführen lassen.

Als neues Konzept für einen Präparatekurs der anorganischen Chemie haben wir uns bemüht, die Präparate nach Stoffklassen oder Arbeitstechniken zu thematischen Kapiteln zusammenzufassen. So soll das Praktikum trotz der sonst vielleicht verwirrenden Vielfalt der anorganischen Chemie eine gewisse Struktur erhalten. Dabei erschien uns eine Gruppierung nach Themen sinnvoller als eine Reihung nach Elementen oder Gruppen im Periodensystem, wie sie vorher oft üblich war.

Über all dies kann man gewiss geteilter Meinung sein und auch ganz allgemein wird dieses Buch – wie es bei einer ersten Auflage unvermeidbar ist – Fehler und Mängel haben. Um diese in späteren Ausgaben auszumerzen, freuen wir uns sehr auf Kommentare und Verbesserungsvorschläge der Leser und Nutzer.

Viele der beschriebenen Präparate sind Klassiker und wir maßen uns natürlich keineswegs an, diese Synthesen für den Lehrbetrieb entdeckt zu haben. Besonders hilfreich waren die uns zur Verfügung gestellten Praktikumsskripte der Universitäten Münster, München (LMU) und Regensburg. Dem Team der Anorganischen Chemie in Regensburg möchten wir besonders danken: das Kapitel zu den apparativen Grundlagen basiert im Wesentlichen auf Material, das uns freundlicherweise von Prof. Arno Pfitzner und seinen Mitarbeitern zur Verfügung gestellt wurde. Außerdem danken wir besonders den Assistentinnen und Assistenten des Kieler Synthesepraktikums der letzten fünf Jahre. Ohne ihre Hilfe, ihre wertvollen Kommentare und den unermüdlichen Einsatz wäre das Praktikum selbst – und damit auch dieses Buch – nicht möglich gewesen. Besonders möchten wir hier Ameli Dreher, Holger Naggert, Felicitas Niekiel, René Römer, Ludger Söncksen, Mathias Wiechen und Adam Wutkowski erwähnen.

Wir hoffen, mit diesem Buch schon die Chemiestudierenden der ersten Fachsemester für das zu begeistern, was wir auch nach Jahren als Chemiker für einen der schönsten Aspekte unseres Fachs halten: die Freude am Schaffen neuer Stoffe!

Kiel und Freiburg, Januar 2013   Philipp Kurz
Norbert Stock

Inhalt

1 Einführung

1.1 Lernziele

Die praktische Ausbildung im Studienfach Chemie beginnt an vielen Universitäten in den ersten Semestern mit Einführungskursen in die Laboratoriumsarbeit und Praktika zur anorganischen Analyse. Dabei werden grundlegende Techniken und Methoden für die Arbeit in einem chemischen Laboratorium erlernt und die Studierenden begegnen verschiedensten Stoffen ein erstes Mal. Zudem werden wichtige Geräte vorgestellt und eingesetzt sowie eingeführt, wie Beobachtungen zu einfachen Experimenten in der Chemie zu protokollieren und auszuwerten sind. In den Grundpraktika zur qualitativen und quantitativen anorganischen Analyse wird zudem früh im Chemiestudium vermittelt, wie die beiden folgenden wichtigen Fragen im Alltag einer Chemikerin und eines Chemikers anzugehen sind: „Was enthält meine Probe?" und „Wie viel einer bestimmten Substanz enthält meine Probe?".

Mit den Experimenten dieses Buches lernen Studierende nun die zweite zentrale praktische Tätigkeit vieler Chemikerinnen und Chemiker kennen: die Synthese. Im Gegensatz zur Analyse ist die Synthese eine Spezialität der Chemie. Wie in kaum einer anderen Naturwissenschaft sonst ist es in der Chemie möglich, sich durch die Synthese eine Vielzahl verschiedenster neuer Studienobjekte selbst zu schaffen. So können sogar Substanzen mit physikalischen und chemischen Eigenschaften hergestellt werden, die es ohne diese Synthesearbeit auf der Erde überhaupt nicht geben würde. Viele dieser neuen Verbindungen sind inzwischen aus der modernen Gesellschaft nicht mehr wegzudenken.

In früheren Studienplänen wurden synthetische Arbeitstechniken im Grundstudium meist zuerst in den Praktika der organischen Chemie vermittelt, während sich die anorganische Grundausbildung auf die Einführung wichtiger Analysemethoden konzentrierte. Unserer Meinung nach bieten aber gerade die Synthesen anorganischer Stoffe eine hervorragende Möglichkeit, in die große Vielfalt synthetischer Arbeitsmethoden einzuführen. Denn über die Darstellung molekularer Verbindungen in Lösung hinaus werden in der anorganischen Synthese oft auch Reaktionen zwischen Feststoffen, Feststoffen und Gasen oder in Schmelzen eingesetzt. Außerdem sind die Produkte solcher Prozesse neben Molekülen auch Cluster, kolloiddisperse Systeme sowie ausgedehnte ionische, kovalente und metallische Festkörper.

Als Einstieg in das synthetische Arbeiten werden in diesem Grundkurs grundlegende Synthesemethoden bei der Herstellung einfacher anorganischer Verbindungen vermittelt. Viele der Arbeitstechniken (Erhitzen, Filtrieren, Extrahieren, Destillieren, Glühen...) werden Chemikerinnen und Chemiker wohl ihr ganzes Arbeitsleben lang begleiten – und hoffentlich auch immer wieder diese magischen Momente einer Synthese, wenn in Kolben oder Tiegeln in allen Farben und Formen Neues entsteht!

Das im Folgenden gezeigte Schema (Abb. 1.1) versucht, zentrale Schritte im Verlauf vieler Synthesen zu verdeutlichen.

https://doi.org/10.1515/9783110677843-001

Edukte	Prozess	Rohprodukt	Reinigung	Produkt
Welche? Ansatzgröße? Stöchiometrie? Handhabung? Gefahren? Lösungsmittel? Komponenten langsam zusammengeben?...	Temperatur? Reaktionszeit? Sauerstofffrei? Wasserfrei? Reaktionskontrolle? Zwischenprodukte?...	Was entsteht? Nebenprodukte? Produkt wasser-, luftempfindlich/ giftig?...	Kristallisieren, Extrahieren, Destillieren, Auswaschen, Sortieren...	Reinheit? Ausbeute? Charakterisierung? Eigenschaften?...

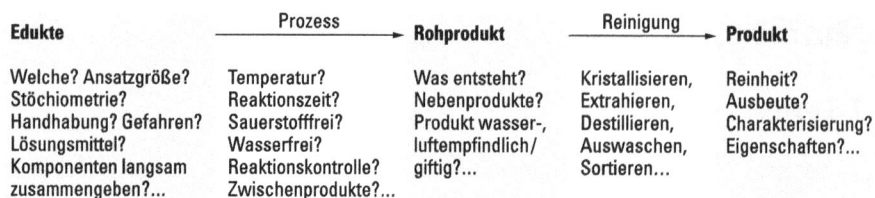

Abb. 1.1: Generelle Schritte für Planung und Durchführung einer chemischen Synthese.

Vor Beginn einer Synthese ist es daher unbedingt erforderlich, dass sich die Studierenden mit folgenden Punkten zu ihrem Präparat vertraut machen:
- Zu welchen **Stoffklassen** gehören Edukte und Produkte? Wie lassen sich die chemischen Bindungsverhältnisse in diesen Stoffen beschreiben?
- Welche Reaktionen laufen bei der Synthese ab? Gibt es Zwischen- und Nebenprodukte? In welchen stöchiometrischen Verhältnissen werden die Reaktanden eingesetzt? Zu jeder Synthese sind daher unbedingt vollständige **Reaktionsgleichungen** zu formulieren!
- **Syntheseplanung:** Welche Apparaturen sind für die Synthese erforderlich (Größe und Beständigkeit der Reaktionsgefäße; kommen Spezialgeräte wie Gasentwickler, Potentiostaten, Öfen usw. zum Einsatz)? Wo wird die Synthese durchgeführt (Abzug, Ofenraum, Nachtlabor usw.)? Wie lange wird die Synthese dauern? Welche Chemikalien werden eingesetzt? Wie werden die Produkte isoliert und die Abfälle entsorgt?
- **Sicherheit:** Werden bei der Synthese Stoffe eingesetzt, die besondere Gefahrenpotentiale besitzen? Entstehen vielleicht giftige Verbindungen aus „harmlosen" Vorstufen? Gibt es rein physikalische Gefahrenquellen (hoher Druck, hohe Temperatur usw.)? Welche Vorsichtsmaßnahmen sind zu treffen? Ist man auf etwaige Unfälle vorbereitet?
- Haben die Edukte / Produkte eine **Bedeutung im Alltag**? Gibt es einen Bezug zwischen der durchgeführten Synthese und technisch wichtigen Prozessen oder Anwendungen?

Am Ende des Praktikums sollte klar geworden sein, dass solche vorbereitenden Fragestellungen vor jeder Synthese zu klären sind, egal ob sie in einem anorganischen, organischen oder materialwissenschaftlichen Praktikum durchgeführt werden. Zusätzlich wird jedem Teilnehmer die Wichtigkeit der Arbeit im Team offensichtlich, denn für eine erfolgreiche Synthesearbeit im Labor wird es fast immer nötig sein, die Arbeitsschritte mit anderen zu koordinieren.

1.2 Vorschläge zur Organisation des Praktikums

An jeder Universität werden sich Zeitfenster, Räumlichkeiten, Studierendenzahlen und viele weitere Faktoren unterscheiden, die die Organisation eines Praktikumskurses beeinflussen. Trotzdem möchten wir im Folgenden einige Hinweise zum Ablauf eines Synthesekurses weitergeben, die sich unserer Meinung nach bewährt haben.

Wie vor Beginn jedes Praktikums so ist auch hier die Durchführung einer **Vorbesprechung** mit einer allgemeinen **Sicherheitseinweisung** essentiell. In dieser werden die praktikumsrelevanten Modalitäten und Termine bekannt gegeben. Zu Beginn des Praktikums erfolgt außerdem noch eine Einweisung in die Ausstattung der jeweiligen Labore (Abfallentsorgung, Fluchtwege, Feuerlöscher etc.). All dies erfordert unbedingt die Anwesenheit aller Praktikumsteilnehmerinnen und -teilnehmer und ist entsprechend zu dokumentieren.

Es hat sich bewährt, in einem Grundkurs zum synthetischen Arbeiten **Gruppen aus zwei Studierenden** zu bilden, die die Experimente jeweils gemeinsam durchführen. Die detaillierte Vorbereitung auf die theoretischen Hintergründe und die praktische Durchführung einer Synthese sind für Syntheseneulinge sicher einfacher zu meistern, wenn sie nicht allein, sondern zu zweit stattfinden.

Zum **Zeitplan**: Für ein Praktikum, das sich über ein gesamtes Semester von 12 Lehrwochen erstreckt, ist beispielsweise folgendes Vorgehen vorteilhaft: An zwei aufeinanderfolgenden Nachmittagen (einige Synthesen laufen über Nacht!) sind die Praktikumssäle jeweils für mindestens vier Stunden geöffnet. Abzüglich einer Vor- und einer Nachbereitungswoche stehen dann 20 Nachmittage für die Synthesearbeit zur Verfügung. Gearbeitet wird in Teams aus zwei Studierenden, die jeweils ein Programm von zwölf Präparaten aus den zehn Präparate-Gruppen A-J des Grundkurses absolvieren (Tabelle 1.1). Die individuellen Präparate-Listen werden vor Beginn des Praktikums anhand von Schwierigkeit und Aufwand zusammengestellt und dann zugelost. Die Synthesen können in beliebiger Reihenfolge durchgeführt werden. Jedoch empfiehlt es sich,

Tab. 1.1: Übersicht über ein mögliches Präparateprogramm.

Gruppe	Thema	Anzahl Präparate
A	Elementdarstellungen	1
B	Legierungen	1
C	Synthesen von Festkörpern	2
D	Züchtung von Kristallen	1
E	Koordinationsverbindungen	2
F	Reaktionen mit Gasen	1
G	Molekulare Verbindungen der p-Block-Elemente	1
H	Polyoxoanionen	1
I	Verbindungen mit Nanostrukturen	1
J	Großtechnische Verfahren im Labormaßstab	1

das Praktikum mit Präparaten mit geringerer Schwierigkeitsstufe zu beginnen. Außerdem ist während der gesamten Praktikumszeit die Absprache mit den übrigen Praktikumsteilnehmenden sehr wichtig, da gewisse Ausrüstungsgegenstände (Öfen, Destillationsapparaturen usw.) meist nur in begrenzter Zahl zur Verfügung stehen.

Jeder **Praktikumsassistentin** und jedem **Praktikumsassistenten** sind jeweils bis zu fünf Zweierteams zugeordnet, die sie für das gesamte Praktikum betreuen. Zudem hat es sich bewährt, in jedem Praktikumssaal eine **studentische Hilfskraft** einzusetzen, die die Assistentinnen und Assistenten bei der Betreuung der Laborarbeit unterstützt. In jedem Praktikumssaal müssen aus Gründen der Sicherheit ständig eine Assistentin oder ein Assistent und (falls möglich) eine Hilfskraft anwesend sein.

Vor dem Beginn der praktischen synthetischen Arbeit sollte das Zweierteam für jedes Präparat ein ca. 15-minütiges **Kolloquium** mit der Assistentin oder dem Assistenten absolvieren. Allein schon aus Sicherheitsgründen darf die Synthesearbeit ohne ein vorhergehendes Kolloquium nicht begonnen werden! Diese Kolloquien befassen sich mit der zum Verständnis der Synthesen notwendigen Theorie, den Gefahrenpotentialen sowie der Durchführung der Versuche. Zum Kolloquium sollte außerdem eine vorbereitete **Betriebsanweisung** zur geplanten Synthese mitgebracht werden. Die in diesem Buch zu jedem Themenkomplex und jedem Präparat formulierten Vorbereitungsfragen sollen Studierenden sowie Assistentinnen und Assistenten die Vorbereitung solcher Kolloquien erleichtern.

Zum grundlegenden Verständnis der durchgeführten Reaktionen ist zudem ein begleitendes **Literaturstudium** ebenso unerlässlich wie eine intensive Vor- und Nachbereitung der Präparate in Kolloquien, Protokollen oder einem begleitenden Seminar. Weiterhin sind unbedingt auch Lehrbücher der Anorganischen Chemie heranzuziehen (z. B. HOUSECROFT/SHARPE; RIEDEL/JANIAK, SHRIVER/ATKINS, BINNEWIES ET AL. etc.). Zum Nachschlagen der anorganischen Stoffchemie seien die ausführlichen Daten- und Faktensammlungen in den Büchern von HOLLEMAN/WIBERG und GREENWOOD/EARNSHAW empfohlen. Weitere Details zu Praktikumsversuchen der synthetischen anorganischen Chemie findet man auch in den Büchern von JANDER/BLASIUS oder WOOLLINS.

Für die Durchführung des Praktikums ist kein genereller Ablaufplan vorgegeben. Vielmehr ist auch die effektive **Einteilung der Arbeitszeit** ein Lernziel. Zum reibungslosen Ablauf des Praktikums ist es zwingend notwendig, dass man sich die Gestaltung eines jeden Arbeitstages im Voraus gründlich überlegt. Am Ende eines jeden Praktikumstages müssen die verwendeten Geräte, der Laborplatz und die Abzüge gereinigt sein. Ein aus zwei Praktikantinnen und Praktikanten gebildeter, täglich wechselnder **Saaldienst** ist am Ende jedes Labortages für Sauberkeit und Ordnung zuständig.

2 Apparative Grundlagen der synthetischen anorganischen Chemie

Die meisten Geräte und Apparaturen für die präparative Arbeit im Labor sind aus Glas oder Porzellan. **Glas** ist chemisch sehr widerstandsfähig und lässt die Beobachtung von Vorgängen in der Apparatur zu. Für Reaktionsapparaturen werden heute meistens Borosilicatgläser (z. B. Duran, Pyrex, Simax) verwendet (Abb. 2.1, links). Sie besitzen einen kleinen thermischen Ausdehnungskoeffizienten und sind daher gegen Temperaturwechsel relativ unempfindlich. Zu schnelles Abkühlen oder Aufheizen kann trotzdem zum Zerspringen des Glases führen. Für hohe Temperaturen eignen sich Geräte aus teurem, aber nur schwer zu bearbeitendem Quarzglas. **Porzellan**tiegel (Abb. 2.1, rechts) werden als günstige, inerte Reaktionsgefäße für Reaktionen von Festkörpern oder Schmelzen bis 1500 °C eingesetzt.

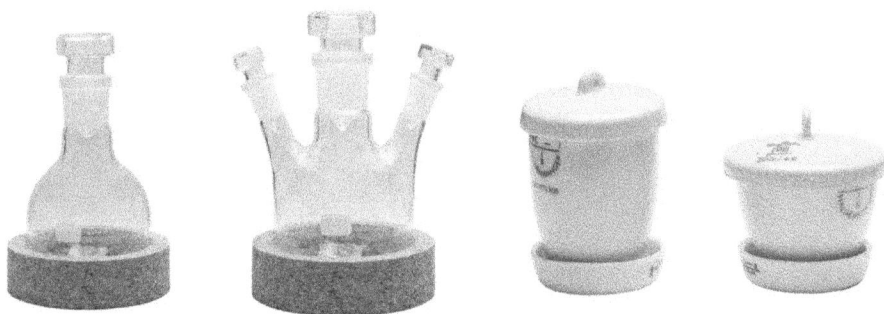

Abb. 2.1: Verschiedene *Kolben* (links) und *Tiegel* mit Schuh und Deckel (rechts).

2.1 Schliff- und Schraubverbindungen

2.1.1 Kegelschliffe (Normschliff)

Bauteile aus ähnlichen Gläsern lassen sich miteinander verschmelzen, um so größere Apparaturen herzustellen. Solche Apparaturen sind aber schwer zu reinigen und inflexibel. Deshalb werden in der Praxis Apparaturen aus einzelnen, relativ kleinen Bauteilen aufgebaut. Die Verbindung der einzelnen, standardisierten Bauteile erfolgt – je nach Anforderung – durch Schliffe und Verschraubungen.

Die gebräuchlichste Schliffverbindung sind *Kegelschliffe*. Sie bestehen aus der kegelförmig innen geschliffenen Hülse und dem außen geschliffenen Kern. *Normschliffe* werden in standardisierten Größen angefertigt und sind dadurch miteinander kompatibel (Abb. 2.2).

https://doi.org/10.1515/9783110677843-002

Abb. 2.2: Normschliffverbindungen: Kern (links) und Hülse (Mitte) aus Laborglas, sowie Größenangaben nach DIN (rechts).

Gebräuchlich sind die Größen NS14/23 und NS29/32. Die erste Zahl d2 gibt den maximalen Schliffdurchmesser in mm an, die zweite Zahl h die Schlifflänge (Abb. 2.2). Oft lässt man die Längenangabe weg und spricht nur von 14er- oder 29er-Schliffen. Kegelschliffe sind starre Verbindungen, die sich nur um die Längsachse drehen lassen.

2.1.2 Planschliffverbindungen (Flanschverbindungen)

Für Bauteile mit großem Durchmesser sind Kegelschliffe ungeeignet. Sie werden deshalb mit Planschliffen verbunden. Im normalen Laborbetrieb werden Planschliffverbindungen nur bei Exsikkatoren (siehe 2.2.8) eingesetzt, bei Apparaturen im technischen Maßstab sind sie jedoch die Regel.

2.1.3 Umgang mit Schliffverbindungen

Schliffverbindungen sind im Allgemeinen allein nicht dicht. Bei Kegelschliffen ergibt sich weiter das Problem, dass sich eine ineinandergesteckte Schliffverbindung wegen der großen, rauen Kontaktfläche nur schwer oder gar nicht wieder lösen lässt. Deshalb werden Schliffe vor dem Arbeiten mit geeigneten Schmiermitteln gefettet. Das Schmiermittel soll dabei die Dichtigkeit der Schliffverbindung gewährleisten und das spätere Auseinandernehmen erleichtern. Wichtig ist das richtige **Fetten der Schliffe**: Überschüssiges Fett wird durch Lösungsmittel oder Destillationsgut herausgelöst und führt zu schwierig entfernbaren Verunreinigungen im Reaktionsprodukt, zu wenig Fett führt zu undichten und festbackenden Schliffverbindungen. Am besten wird auf die *obere* Hälfte des Schliffkegels ein dünner Fettring aufgetragen und *nach* dem Zusammenbau der Apparatur durch Drehen von Kern oder Hülse gleichmäßig verteilt.

Ein richtig gefetteter Schliff erscheint klar (Abb. 2.3), ohne dass Fett an den Enden herausgedrückt wird. Beim Gegeneinanderdrehen von Kern und Hülse dürfen keine Schleifgeräusche zu hören sein. Vor dem Fetten sollten die gereinigten Schliffe stets auf mechanische Beschädigungen (Sprünge, abgebrochene Kanten etc.) und anhaftende Verunreinigungen untersucht werden. Wenn möglich, müssen Kegelschliffverbindungen mit **Schliffklemmen** gegen ein Auseinandergleiten gesichert werden (Abb. 2.3).

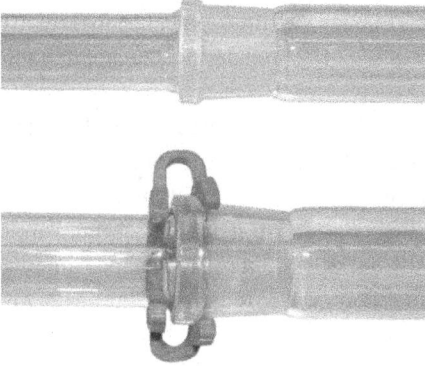

Abb. 2.3: Schliffverbindungen: *ungefettet* (oben) und *gefettet/gesichert* (unten mit KECK-Klemme).

Nach **Abbau der Apparatur** müssen die Schliffe (Kern und Hülse) sorgfältig gereinigt werden, um Reste von Schlifffett zu entfernen.

2.1.4 Rohr - und Schlauchverbindungen

Müssen dünne, runde Bauteile wie Gaseinleitungsrohre oder Thermometer in Apparaturen so eingebaut werden, dass ihre Einbautiefe justierbar ist, können Gummistopfen mit Loch oder Schraubverschlüsse (Abb. 2.4, links und Mitte) verwendet werden. Auf das Rohr wird eine kunststoffummantelte, konische Gummidichtung gesteckt und mit einer durchbohrten Gewindekappe festgeschraubt. *Achtung*: Bruchgefahr, beschichtete Seite der Dichtung in Richtung der Apparatur! Beim Festziehen wird die Dichtung dabei gegen das Glasrohr gedrückt, die Rohrverbindung wird dadurch abgedichtet und in der gewünschten Höhe fixiert (Abb. 2.4, Mitte).

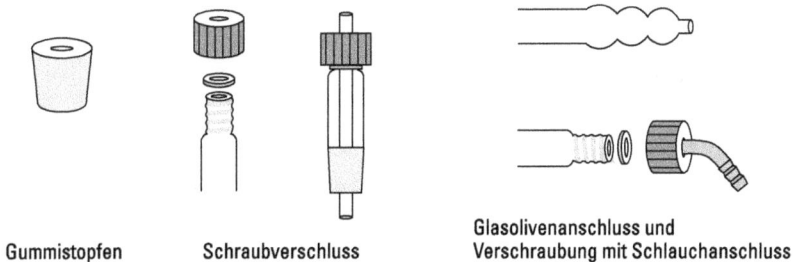

Gummistopfen   Schraubverschluss

Glasolivenanschluss und
Verschraubung mit Schlauchanschluss

Abb. 2.4: Rohrdurchführungen und Schlauchanschlüsse.

Wasser- und Vakuumschläuche werden über sogenannte **Oliven** (Glasrohre mit Verdickungen, Abb. 2.4, rechts oben) an Glasapparaturen angeschlossen. Das Aufziehen von Gummischläuchen wird durch etwas Glycerin oder Vaseline erleichtert; bei relativ harten PE- oder PVC-Schläuchen hat sich das kurze Erwärmen der Schlauchenden mit einem Fön bewährt.

Prinzipiell besteht beim Aufziehen von Schläuchen stets **Verletzungsgefahr** durch Bruch der Glasolive; deshalb werden auch hier zunehmend Schraubverbindungen aus Kunststoff (Abb. 2.4, rechts unten) eingesetzt: Die Apparatur ist nicht mehr mit einer Olive, sondern mit einem Gewindeanschluss ausgestattet, auf den eine Schraubkappe mit Schlauchanschluss aufgeschraubt wird. Alle druckbelasteten Schlauchverbindungen, speziell Kühlwasserschläuche, müssen **unbedingt** mit **Schlauchschellen** gegen Abplatzen gesichert werden.

2.2 Bauteile für Schliffapparaturen

2.2.1 Reaktionsgefäße

Umsetzungen mit nicht brennbaren und ungiftigen Substanzen können prinzipiell in offenen Gefäßen wie Bechergläsern oder Erlenmeyerkolben durchgeführt werden. Im präparativen Labor werden aber im Normalfall **Rundkolben** mit Schliffen als Standardreaktionsgefäße verwendet. Die Kolbengrößen und -formen sind weitgehend standardisiert. Übliche Volumina sind 10, 25, 50, 100, 250, 500 und 1000 mL, übliche Formen Ein-, Zwei- oder Dreihalskolben (Abb. 2.5).

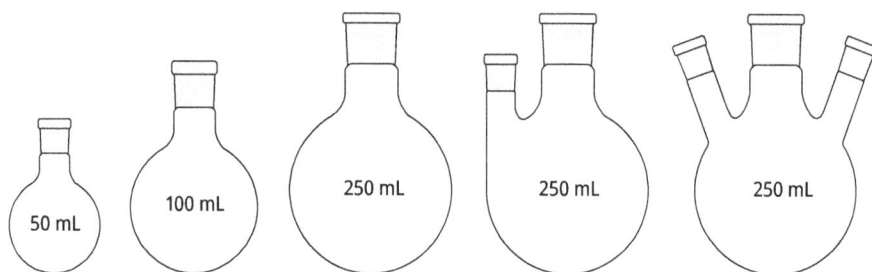

Abb. 2.5: Beispiele für verschiedene Rundkolben.

Werden mehrere Schlifföffnungen benötigt, verwendet man **Zweihals-** oder **Dreihals-** Rundkolben. Der Verwendungszweck bestimmt die Zahl, Größe und Art der Schliffansätze.

2.2.2 Kühler

Viele chemische Reaktionen werden bei erhöhten Temperaturen durchgeführt. Dabei können Lösungsmittel, leichtflüchtige Edukte oder Produkte verdampfen und müssen wieder kondensiert werden. Soll das Kondensat in den Reaktionskolben zurückgeführt werden, spricht man von einer **Reaktion unter Rückfluss**, wird es in einem anderen Gefäß aufgefangen, handelt es sich um eine **Destillation**.

Die einfachste – und am wenigsten effektivste – Form eines Kühlers ist der Luftkühler, ein einfaches Glasrohr, das durch die umgebende Luft gekühlt wird. Diese Form kommt nur bei hochsiedenden Lösungsmitteln infrage. Wird das Glasrohr mit einem Mantel umgeben, durch den Kühlflüssigkeit (in der Regel Wasser) strömt, spricht man von einem **LIEBIG-Kühler** (Abb. 2.6, links). Er wird häufig als Kühler in Destillationsbrücken eingesetzt. Als Rückflusskühler besitzt er nur eine mäßige Kondensationsleistung. Der gebräuchlichste Rückflusskühler ist wohl der sogenannte **DIMROTH-Kühler** (Abb. 2.6, Mitte). Hier wird die Kühlflüssigkeit in einer Glaswendel durch das Kühlerrohr geleitet. Diese Art Kühler ist sehr effektiv und eignet sich für den Einsatz in einem weiten Temperaturbereich. Eine moderne Variante, die ohne Flüssigkeit auskommt, ist der sogenannte **Findenser**, er kombiniert einen Luftkühler mit einem Aluminiumkühlmantel, wodurch keine externe Wasserquelle zur Kühlung benötigt wird (Abb. 2.6, rechts).

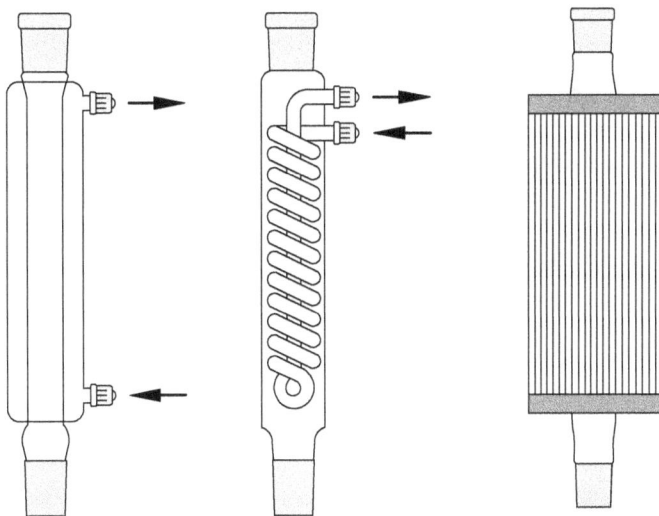

Abb. 2.6: LIEBIG- (links) und DIMROTH-Kühler (Mitte) sowie Findenser (rechts).

Die Kühlflüssigkeit wird im DIMROTH-Kühler entgegengesetzt zur Strömungsrichtung des Dampfes geführt (**Gegenstromprinzip**). Dadurch lässt sich maximale Kühlwirkung erzielen. In Abb. 2.6 ist der Kühlwasserfluss für beide Kühlertypen durch Pfeile angedeutet. Wird der Kühlmantel eines LIEBIG-Kühlers mit der innen liegenden Glaswendel eines DIMROTH-Kühlers kombiniert, handelt es sich um einen **Intensiv-Kühler**. Diese ist auch für den Einsatz mit niedrigsiedenden Lösungsmitteln geeignet.

Auf die **Schläuche** für die Kühlflüssigkeit, sowie deren Anschluss muss besonders geachtet werden! Die Schläuche dürfen nicht spröde oder gar rissig sein, Schlauch-

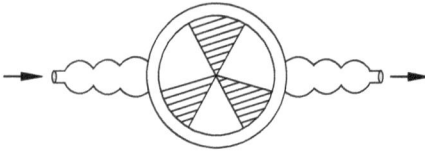

Abb. 2.7: Durchflussanzeiger.

verbindungen müssen durch Klemmen oder Schlauchschellen gesichert werden. Die Schläuche sollen nicht zu lang sein und dürfen auf keinen Fall geknickt werden oder in Kontakt mit Heizplatte oder Heizbad kommen. Wird mit Wasser gekühlt, darf der **Wasserstrom** nicht zu stark sein: Die engen Kühlwendeln besitzen einen erheblichen Strömungswiderstand; bei zu starkem Wasserdruck können die Schläuche auf der Zuleitungsseite abplatzen. Der Durchfluss ist von Zeit zu Zeit zu überprüfen. Diese geschieht am einfachsten durch Nutzung eines Durchfluss- oder Strömungsanzeigers (Abb. 2.7)!

2.2.3 Tropftrichter

Zum Zutropfen von Flüssigkeiten und Lösungen zum Reaktionsansatz über einen längeren Zeitraum verwendet man einen Tropftrichter (Abb. 2.8) mit Schliffverbindung. Er kann direkt auf die Reaktionsapparatur aufgesetzt werden und erlaubt ein genaues Dosieren durch den Schliffhahn. Dieser ist vor dem Einbau zu fetten. Die aufgebrachte Skalierung ist als Orientierung zu verstehen, ein exaktes Abmessen von Volumina ist mit Tropftrichtern in der Regel nicht möglich.

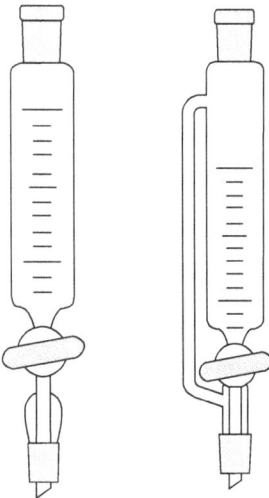

Abb. 2.8: Tropftrichter ohne (links) und mit Druckausgleich (rechts).

2.2.4 Aufsätze und Übergangsstücke

In manchen Fällen reichen die vorhandenen Schliföffnungen eines Reaktionskolbens nicht aus. Der Zweihals- oder **ANSCHÜTZ-Aufsatz** erlaubt die Erweiterung um einen weiteren Schliffhals (Abb. 2.9, links). Müssen Bauteile unterschiedlicher Schliffgröße miteinander verbunden werden, werden **Übergangsstücke** (Abb. 2.9, Mitte) eingebaut. Für den Anschluss von Schläuchen gibt es Übergangsstücke von Schliff auf Schlaucholive (Abb. 2.9, rechts).

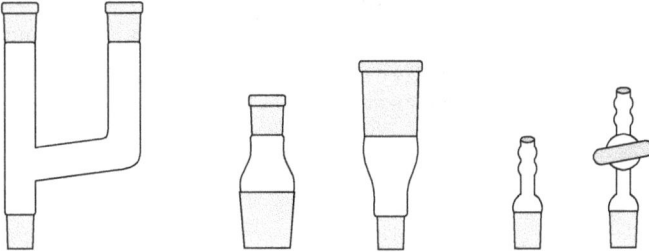

Abb. 2.9: ANSCHÜTZ-Aufsatz und Übergangsstücke.

2.2.5 Rühren

Reaktionsansätze müssen insbesondere dann intensiv gemischt werden, wenn eine Komponente zugetropft oder portionsweise zugegeben wird, unter Rückfluss erhitzt wird (Gefahr von Siedeverzügen!) oder zwei nicht mischbare Phasen (fest/flüssig, flüssig/flüssig oder flüssig/gasförmig) vorliegen. Bei kleinen und nicht zu viskosen Reaktionsmischungen werden dafür meist kunststoffbeschichtete **Magnetrührstäbe** (Abb. 2.10) eingesetzt. Der Magnetrührstab im Reaktionskolben wird von einem **Magnetrührer** in Bewegung gesetzt, welcher oft gleichzeitig auch als Heizplatte (s. u.) fungiert. Bei zu hoher Drehzahl springt der „Rührfisch" im Kolben (Bruchgefahr) oder bewegt sich gar nicht mehr. In diesen Fällen muss die Drehzahl reduziert werden. Die Auswahl des passenden Magnetrührstabes richtet sich nach der Kolbengröße und dem zu rührenden Medium. Wird das Rührstäbchen nicht mehr benötigt, kann es besonders mit einer „Magnet-Rührfischangel" gut aus dem Gefäß entnommen werden.

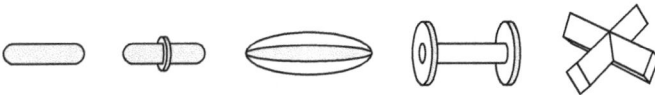

Abb. 2.10: Magnetrührstäbe.

2.2.6 Heizen und Kühlen

Zum Heizen werden im Labor üblicherweise elektrische Heizplatten mit passenden Heizbädern verwendet. Die Heizplatte sollte eine Temperaturregelung besitzen; meist wird man einen Magnetrührer mit Heizplatte verwenden. Als Heizbad dient im einfachsten Fall eine Glasschale mit Wasser (**Wasserbad**). Für Temperaturen über ~70 °C eignen sich **Ölbäder** (Paraffinöl bis ca. 150 °C, Silikonöl bis ca. 220 °C).

Es ist unbedingt darauf zu achten, dass **kein Wasser in Ölbäder** gelangt, da die heiße Badflüssigkeit stark aufschäumt und unter Umständen verspritzt. Ist trotz aller Vorsicht Wasser in das Öl gelangt, muss das Erhitzen sofort abgebrochen werden. Die Wassertropfen werden aus dem abgekühlten Öl mit einer Tropfpipette aufgesaugt und das Ölbad einige Stunden im Abzug bei geschlossener Schutzscheibe auf 120–130 °C erhitzt, bis alle Wasserreste verdampft sind, oder es wird neues Öl verwendet.

2.2.7 Temperaturmessung

Zur Temperaturmessung werden je nach Anforderung metallische **Thermofühler** oder, vor allem im Grundpraktikum, **Flüssigkeitsthermometer** (Abb. 2.11) aus Glas eingesetzt. Die Änderung der Temperatur bewirkt eine Volumenausdehnung bzw. -kontraktion der Thermometerflüssigkeit, sodass die Temperatur an einer Skalierung der Kapillare abgelesen werden kann. Eine präzise Temperaturüberwachung und -regelung während eines Rührvorgangs ermöglicht die genaue Kontrolle von Prozessen, bei denen Temperatur eine entscheidende Rolle spielt.

Universal-Thermometer (Abb. 2.11, links) werden als chemische Thermometer zur Temperaturmessung mit nicht zu hohen Ansprüchen an die Genauigkeit eingesetzt. Ihr Temperaturbereich beträgt normalerweise etwa –10 bis +250 °C, Kältethermometer mit speziellen Flüssigkeiten sind für Temperaturmessungen bis –150 °C erhältlich.

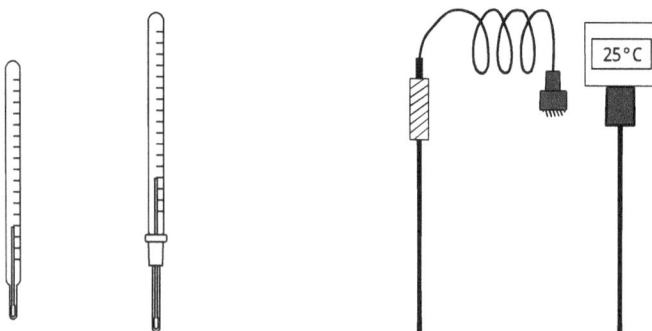

Abb. 2.11: Universal-Thermometer und Normalschliffthermometer (links) und Thermofühler (rechts).

Normschliff-Thermometer (Abb. 2.11, Mitte) sind zum Einbau in Glasapparaturen (z. B. Destillationsapparatur) vorgesehen. Die Eintauchtiefe ist durch den Schliffkern fest vorgegeben und muss zur Apparatur passen.

Thermofühler (Abb. 2.11, rechts) sind elektrische Temperatursensoren, meist handelt es sich dabei um ein Thermoelement oder einen Widerstandsthermometer, die auf Temperaturänderungen reagieren. Der Fühler erfasst kontinuierlich die Temperatur der Flüssigkeit oder des Reaktionsgemischs und dient als Zubehör für einen Magnetrührer mit Heizung.

2.2.8 Trocknung

Die Trocknung von Substanzen im Praktikumsbetrieb wird meist in einem Exsikkator durchgeführt. Ein typischer Exsikkator besteht aus einem Glasbehälter mit Planschliffverbindungen (siehe 2.1.2), einer Ablage oder einem Gitter, auf das die zu trocknenden oder aufzubewahrenden Proben gelegt werden und Trockenmittel wie z. B. Calciumchlorid oder Phosphorpentaoxid (Abb. 2.12). Das Trockenmittel zieht Feuchtigkeit aus der Luft im Inneren des Exsikkators und hält die Umgebung trocken. In besonderen Fällen kann über einen Hahn noch zusätzlich Vakuum angelegt werden.

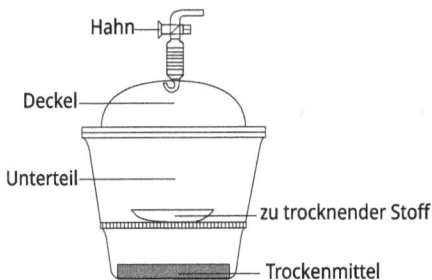

Abb. 2.12: Exsikkator.

2.3 Standard-Reaktionsapparaturen

2.3.1 Erhitzen unter Rückfluss

Eine sehr häufig eingesetzte Reaktionsapparatur ist ein **Rundkolben mit aufgesetztem Rückflusskühler** (Abb. 2.13, anstelle eines Dimrothkühlers kann auch ein Findenser eingesetzt werden, siehe Abb. 2.6). Der Aufbau einer jeden Apparatur beginnt mit der Befestigung des Reaktionskolbens (1) am Stativ. Er wird mit einer Stativklammer (2) so befestigt, dass die Heizplatte mit Heizbad auf der abgesenkten Hebebühne (3) mit etwas

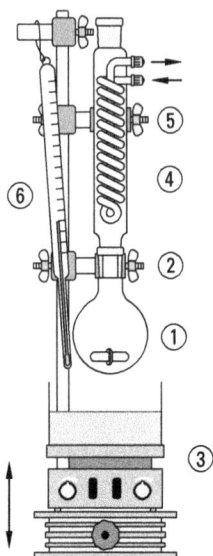

Abb. 2.13: Einfache Reaktionsapparatur für das Erhitzen von Lösungen unter Rückfluss.

Abstand unter den Kolben geschoben werden kann. Nach dem „Maß nehmen" wird die Heizplatte mit dem Heizbad wieder beiseite gestellt, damit kein Wasser versehentlich in das Heizbad tropfen kann. Die Klammerung des Reaktionskolbens muss fest sein, da er die gesamte Rückflussapparatur trägt. Die Kolbengröße wird so gewählt, dass der Kolben im Verlauf der Reaktion max. zu 3/4 gefüllt ist. Der Magnetrührstab wird von Anfang an in den Kolben gegeben. Als Nächstes werden die Kühlwasserschläuche angeschlossen, mit Schlauchschellen gesichert und auf Dichtigkeit überprüft. Anschließend wird der Rückflusskühler (4) aufgesetzt. *Achtung*: Schliff erst nach Füllen des Kolbens fetten! Er wird im oberen Drittel mit einer weiteren Stativklammer (5) nur locker fixiert, da eine allzu feste Klammerung zu Spannungen und schließlich zum Bruch des Kühlers führen kann. Die Apparatur muss senkrecht stehen. Abschließend wird noch ein Thermometer oder Thermofühler (6) in das Heizbad gehängt, um die Badtemperatur beobachten und kontrollieren zu können.

Zum Befüllen der Apparatur wird der Rückflusskühler wieder abgenommen und der Reaktionskolben mithilfe eines Trichters (bzw. Feststofftrichters) mit den Edukten befüllt. Falls ein Lösungsmittel verwendet wird, hält man stets einen Teil des Solvens zurück und spült damit im Trichter verbliebene Reste der Edukte in den Kolben. Anschließend wird die Schliffhülse von evtl. anhaftenden Resten der eingefüllten Substanzen gereinigt. Nach Aufsetzen des Rückflusskühlers (die Schliffverbindung wird erst jetzt gefettet!) werden die Kühlwasserschläuche nochmals auf Dichtigkeit überprüft und der Kühlwasserfluss nachgeregelt.

Man schiebt Heizbad und Heizplatte auf der Hebebühne (3) wieder unter die Apparatur und fährt die Hebebühne hoch. Das Niveau des Heizbades muss etwas unterhalb des Flüssigkeitsspiegels im Reaktionskolben bleiben (anderenfalls können sich am Kolbenrand Krusten von Edukten und/oder Produkten bilden!). Das Heizbad darf nicht zu voll sein (Öl dehnt sich beim Erwärmen aus).

Das Stativ sollte – wie in der Abbildung gezeigt – durch eine Muffe gesichert sein, oder alternativ eine vorhandene, fest eingespannte Abzugsstange zur Fixierung der Apparatur benutzt werden.

Das Heizbad wird bei der Synthese langsam bis zum Sieden der Reaktionsmischung aufgeheizt und die Temperatur so einreguliert, dass sich ein mäßiger Rückfluss einstellt. Beim Erhitzen dehnt sich das Gasvolumen in der Apparatur aus und es entsteht dann ein Überdruck. Daher darf die obere Schliföffnung des Kühlers auf keinen Fall mit einem Stopfen verschlossen werden!

2.4 Einfache Destillation/Rotationsverdampfer

Die Destillation ist eine vielseitige Methode zur Reinigung von Flüssigkeiten und zur Trennung von Flüssigkeitsgemischen. Voraussetzung ist, dass die Substanzen sich ohne Zersetzung bei Normaldruck oder im Vakuum verdampfen lassen. Bei der Destillation wird die zu destillierende Flüssigkeit, das Destillationsgut, in einer geeigneten Destillationsapparatur zum Sieden erhitzt. Der entweichende Dampf wird so kondensiert, dass das Destillat nicht in den Destillationskolben zurückfließt, sondern in einer Vorlage aufgefangen wird. Für die Destillation sollte die Siedetemperatur im Bereich von 30–150 °C liegen. Bei höherer Temperatur besteht häufig die Gefahr der Zersetzung des Destillationsgutes, bei tieferer Temperatur ist die Kondensation der Dämpfe recht aufwendig.

2.4.1 Aufbau und Inbetriebnahme einfacher Destillationsapparaturen

In Abb. 2.14 ist eine einfache Standard-Destillations-Apparatur abgebildet. Während der Destillation müssen Siedeverzüge im Destillationskolben unbedingt vermieden werden! Deshalb gibt man von Anfang an entweder Siedesteine oder einen Magnetrührstab in den Destillationskolben. Um eine Massenbilanz erstellen zu können, müssen Vorlagekolben und Destillationskolben (am besten inkl. Magnetrührstab oder Siedesteinen) vor dem Einbau gewogen (tariert) werden.

Man beginnt beim Aufbau (Abb. 2.14) mit dem Anklammern des Destillationskolbens (1). Er muss in einer solchen Höhe eingespannt werden, dass Heizbad und Heizquelle rasch und mühelos nach unten entfernt werden können. Dazu verwendet man zweckmäßig eine Laborhebebühne (8), mit der sich das Heizbad (6) zusammen mit der Heizquelle einfach in der Höhe absenken und vollständig von der Apparatur entfernen lässt. Anschließend wird der Vorlagekolben (4) an einer zweiten Stativstange geklammert und die Destillationsbrücke (2) mit dem geraden Vorstoß (3) probeweise aufge-

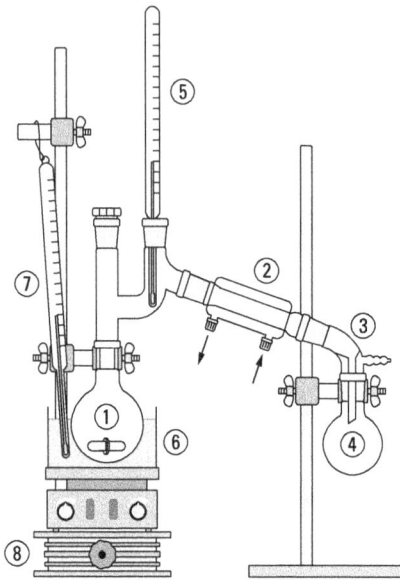

Abb. 2.14: Einfache Destillationsapparatur.

setzt und ausgerichtet. Die gesamte Destillationsapparatur muss spannungsfrei (Bruchgefahr!) sein.

Da in jeder Destillationsapparatur eine der Größe der Apparatur entsprechende
Menge Destillationsgut zurückgehalten wird, muss die Größe der Apparatur an die Menge des Destillationsgutes angepasst werden. Der Destillationskolben sollte mindestens
zur Hälfte, maximal zu zwei Drittel gefüllt sein, der Vorlagekolben muss an die zu er-
wartende Destillatmenge angepasst werden. Die seitliche Oliven- bzw. Schrauböffnung
am Vorstoß (3) darf nicht verschlossen werden. Sie dient dem Druckausgleich bzw. dem
Anschluss an eine Vakuum- oder Gasleitung. *Achtung*: Nie bei völlig abgeschlossenem
System destillieren!

An der noch nicht eingebauten Destillationsbrücke (2) werden die Kühlwasserschläuche so angeschlossen, dass das frische Kühlwasser von unten in den LIEBIG-Kühler
einströmt (Gegenstromprinzip). Man sichert sie mit passenden Schlauchklemmen und
überprüft danach auf Dichtheit.

Erst jetzt wird das abgewogene Destillationsgut mithilfe eines Trichters in den Destillationskolben (1) gefüllt. Danach fettet man die Schliffkerne an Brücke (2) und Vorstoß
(3), setzt beide zusammen und diese dann gemeinsam auf die eingespannten Kolben (1)
und (4). Man hält die Brücke mit der einen Hand fest und sorgt durch Drehen der Kolben
für eine dichte Schliffverbindung. Die gerade Schlifföffnung wird mit einem Glasstop-
fen verschlossen und das Thermometer (5) aufgesetzt. Thermometer und Vorstoß sind
mit Schliffklemmen zu sichern! Schließlich wird zur Messung der Badtemperatur ein
Heizbadthermometer oder Thermofühler (7) eingespannt.

Vor Beginn der Destillation

Der Kühlwasserfluss wird vorsichtig eingestellt: Bei zu starkem Wasserdurchfluss durch den Kühler besteht die Gefahr, dass die Wasserschläuche abplatzen. Dann kann bei Verwendung von Ölbädern als Heizbad Wasser ins heiße Öl gelangen, welches durch verdampfendes Wasser explosionsartig herausgeschleudert wird. Der Destillationskolben wird mindestens zur Hälfte in das Heizbad eingetaucht. So wird ein maximaler Wärmekontakt gewährleistet.

Durchführung der Destillation

Das Heizbad wird langsam bis zum Sieden des Destillationsgutes erwärmt; dabei müssen die Apparatur und die Temperatur des Heizbades ständig überwacht werden. Wenn der erste Tropfen Destillat in den Vorlagekolben fällt, beginnt der Destillationsvorgang. Ab diesem Zeitpunkt sollte die Heizbadtemperatur konstant bis leicht steigend sein und etwa 30–50 °C oberhalb des Siedepunktes liegen. Während der gesamten Destillation sollte die Destillationsgeschwindigkeit konstant ungefähr 2–4 Tropfen/Sekunde betragen. Eine zu niedrige Badtemperatur führt zu falschen Siedetemperaturen, da der Dampf die Thermometerkugel nicht ausreichend umspült. Eine zu hohe Badtemperatur verfälscht den Siedepunkt ebenfalls, da der Dampf überhitzt wird. Der Kühlwasserfluss muss während der Destillation immer wieder kontrolliert werden. Eine unvollständige Kondensation brennbarer Dämpfe (z. B. Diethylether, Petrolether) kann zu schweren Bränden führen.

Das Ende der Destillation erkennt man an der abfallenden Siedetemperatur. Im Normalfall destilliert man – aus Sicherheitsgründen – nie bis zur Trockenheit des Destillationskolbens! Es können sich im Destillationsrückstand (Sumpf) Substanzen wie z. B. Peroxide befinden, die sich bei Überhitzung explosionsartig zersetzen.

Nach Beendigung der gewünschten Fraktion entfernt man das Heizbad und lässt die Apparatur abkühlen.

2.4.2 Rotationsverdampfer

Ein Rotationsverdampfer (Abb. 2.15) ist besonders gut zur raschen und dennoch schonenden Destillation größerer Lösungsmittelmengen (50 mL bis mehrere Liter) geeignet. In der Regel wird dabei unter vermindertem Druck gearbeitet, welcher von einer durch das Gerät gesteuerten, regelbaren Vakuumpumpe erzeugt wird. Der Destillationskolben rotiert im Heizbad; dadurch bildet sich auf der gesamten Oberfläche des Kolbens ein dünner Flüssigkeitsfilm, der laufend erneuert wird. Diese große Oberfläche erlaubt eine rasche Destillation. Der Dampf steigt durch die Hohlwelle in den Kühler, wo er kondensiert wird und in den Auffangkolben tropft.

In der Regel wird als Heizbadflüssigkeit Wasser verwendet und die Temperatur auf 40 °C höchstens 60 °C erwärmt. Nach Ermittlung des Drucks, der zum Erreichen

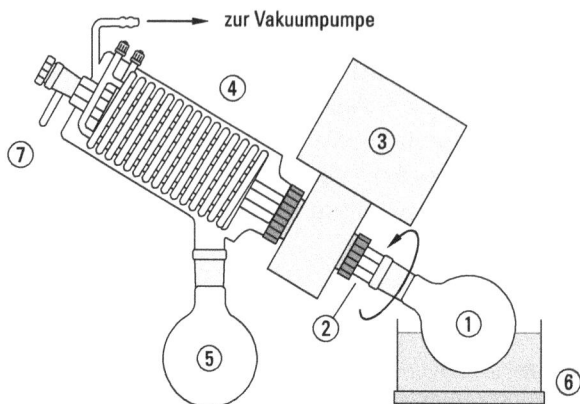

Abb. 2.15: Aufbau eines Rotationsverdampfers (1: Destillationskolben; 2: rotierende Hohlwelle (Dampf-durchführungsrohr); 3: Motor; 4: Kühler; 5: Auffangkolben; 6: Heizbad; 7: Belüftungsstopfen).

des Siedepunkts bei dieser Temperatur nötig ist, wird die Apparatur auf diesen Druck evakuiert.

Folgende Punkte sind zu beachten

Es sollte immer, besonders aber bei Substanzen mit niedrigem Siedepunkt, ein **leichter Unterdruck** angelegt werden, da der Belüftungsstopfen des Rotationsverdampfers sonst bei zu schnellem Verdampfen der Flüssigkeiten herausschießen kann. Zum sicheren Betrieb ist ein *Schutzschild oder eine Schutzhaube* erforderlich.

Wenn die Siedepunktdifferenz von Lösungsmittel und Produkt kleiner als 60–80 °C ist, kann das Produkt bereits mitverdampfen (Ausbeuteverluste!).

Der Destillationskolben darf maximal zur Hälfte gefüllt werden, sonst kann durch starkes Aufschäumen Lösung überspritzen. Manche Lösungen oder Flüssigkeiten neigen prinzipiell zu starkem Schäumen. In diesen Fällen destilliert man nur kleinere Mengen und füllt den Destillationskolben portionsweise nach.

2.5 Brenner und Öfen

In der anorganischen Synthese werden häufig hohe Reaktionstemperaturen benötigt, die sich mit den sonst im Labor eingesetzten Wärmequellen wie Wasser- oder Ölbädern nicht erreichen lassen. Für den Temperaturbereich über 200 °C kommen dabei vor allem Brenner und Öfen zum Einsatz.

Das einfachste Gerät, um hohe Reaktionstemperaturen zu erreichen ist der erd-gasbetriebene BUNSEN-Brenner (Abb. 2.16, links). Dieser ermöglicht es, Substanzen auf über 1000 °C zu erwärmen. Sowohl die Luft- als auch die Erdgaszufuhr des Brenners können geregelt werden und so ist zumindest eine grobe Temperatursteuerung zwi-

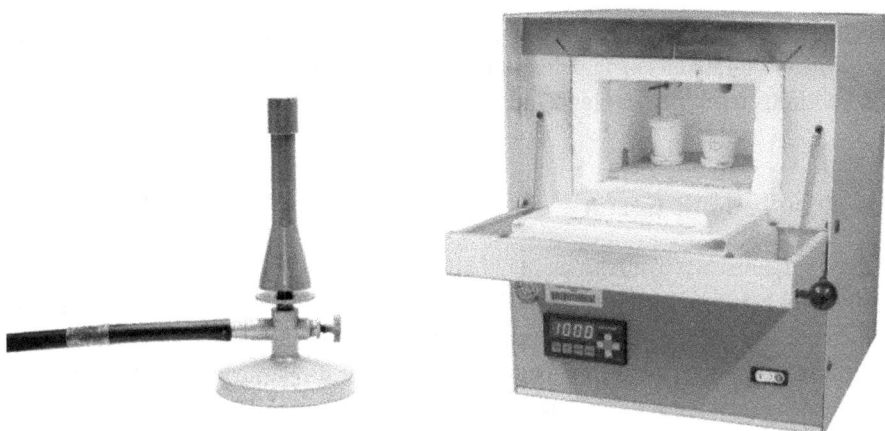

Abb. 2.16: BUNSEN-Brenner (links) und Muffelofen (rechts).

schen ungefähr 350 °C (gelbe Flamme) und bis zu 1200 °C (blaue Flamme) möglich. Für noch höhere Temperaturen werden **Gebläsebrenner** eingesetzt, mit denen auf bis zu 3000 °C erwärmt werden kann, wenn mit ihnen anstatt eines Erdgas-Luft-Gemisches ein Wasserstoff-Sauerstoff-Gemisch verbrannt wird.

Generell ist aber beim Einsatz eines Brenners eine genaue Temperaturkontrolle nicht möglich. Außerdem ist ihre Verwendung für längere Reaktionszeiten gefährlich und energieineffizient. Daher ist es üblich, länger dauernde Reaktionen bei hohen Temperaturen in **Muffel- oder Kammeröfen** durchzuführen. Hierbei stehen die Reaktionsgefäße in einem Reaktionsraum aus hitzebeständiger Keramik, der von außen elektrisch beheizt wird (Abb. 2.16, rechts). Üblicherweise können mit solchen Öfen Temperaturen von maximal ~1000 °C erreicht werden, Spezialausführungen erreichen sogar bis zu 1750 °C. Dabei ist es wichtig, dass die elektronische Steuerung des Ofens sowohl eine sehr konstante Temperaturregelung als auch Temperaturprofile mit definierten Aufheiz- und Abkühlraten ermöglicht. Daher findet der Großteil der Synthesen von intermetallischen Phasen (Kapitel B) und Festkörpern (Kapitel C) in solchen elektrisch beheizten Öfen statt.

Bei Reaktionen in Tiegeln, die in Muffel- oder Kammeröfen durchgeführt werden, ist allgemein zu beachten, dass die Erwärmung der Reaktionsmischung in Luft stattfindet, also reaktiver Sauerstoff zugegen ist. Oxidationsempfindliche Substanzen sind daher vor dem Luftsauerstoff zu schützen, wozu häufig **Schutzschmelzen** eingesetzt werden. Deutlich effektiver (aber auch deutlich aufwendiger) können luftempfindliche Reaktionen in **Röhrenöfen** unter Schutzgas durchgeführt werden.

Eine mögliche Komplikation beim Einsatz von Kammeröfen ist das Auftreten leicht unterschiedlicher Temperaturen innerhalb des Ofeninnenraums. Da die Luft im Ofen allein durch Konvektion bewegt wird, entstehen kleine Temperaturgradienten. Dies lässt sich mit einem Umluftofen vermeiden, deren wichtigste Vertreter im Laboratorium **Trockenschränke** sind. In ihnen können auch große Ofenkammern auf gleichmäßige Temperaturen von bis zu ~250 °C erwärmt werden. Ein weiterer Vorteil von Trockenschränken ist, dass der konstante Luftstrom für eine effiziente Trocknung von Substanzen genutzt werden kann.

2.6 Arbeiten mit Gasen

In der anorganischen Synthese werden häufig auch gasförmige Edukte eingesetzt. Aufgrund ihrer geringen Dichte können Gase nicht wie Feststoffe oder Flüssigkeiten in kleinen, handlichen Gefäßen im Labor gelagert werden. Stattdessen werden sie entweder in Druckgaszylindern komprimiert bereitgestellt oder direkt für die Synthese erzeugt. Technisch werden meist Gaszylinder eingesetzt. Aus Gründen der Sicherheit, aber auch wegen ihres didaktischen Werts, kommen für die Versuche dieses Praktikumsbuches (besonders wichtig für Kapitel F und J), aber hauptsächlich Gasentwicklungsapparaturen zum Einsatz. Lediglich komprimierte Luft wird aus fest installierten Druckluftanschlüssen entnommen, wie man sie in den meisten Laboratorien findet.

Zur **Erzeugung von Gasen** im Laboratorium werden vor allem zwei Methoden genutzt. Die erste stellt der **Kippsche Apparat** dar, bei dem es sich um einen Flüssig-fest-Gasentwickler handelt. In einem Aufbau, der aus drei Gefäßen besteht, befindet sich in dem mittleren Gefäß ein Feststoff, in dem oberen eine Flüssigkeit (Abb. 2.17, links). Die spezielle Konstruktion erlaubt es nun, Flüssigkeit und Feststoff nur so lange miteinander unter Gasentwicklung reagieren zu lassen, bis eine gewisse Menge Gas entstanden ist. Dies drückt dann die Flüssigkeit aus dem Reaktionsraum zurück und stoppt die Reaktion. Aus dem mittleren Gefäß, das nun mit Gas gefüllt ist, kann das gasförmige Reagenz über einen Hahn unter leichtem Überdruck entnommen werden. Wichtige Beispiele für

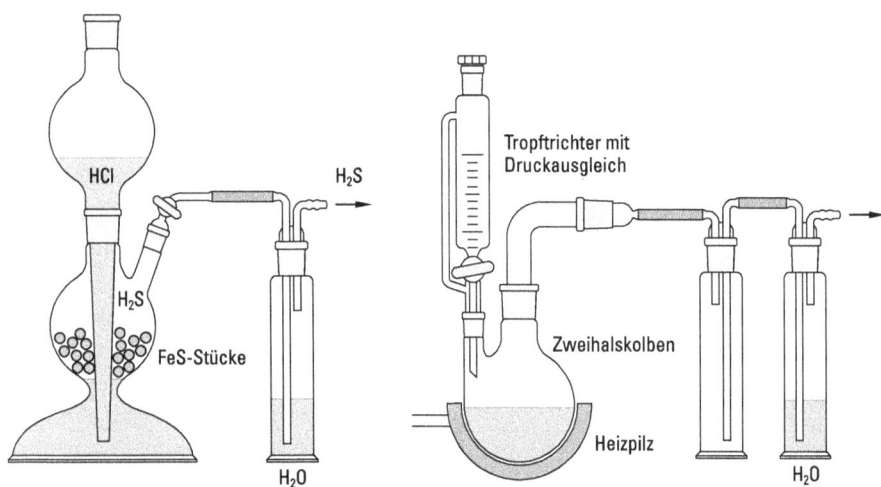

Abb. 2.17: Kippscher Apparat (links) und Flüssig-flüssig-Gasentwickler (rechts) mit Waschflaschen.

den Einsatz eines Kippschen Apparats im Labor sind die Erzeugung von H_2S (aus FeS und HCl), H_2 (aus Zn und HCl) oder CO_2 (aus $CaCO_3$ und HCl).

Alternativ werden zur Darstellung von Gasen in kleinen Mengen **Flüssig-flüssig-Gasentwickler** eingesetzt (Abb. 2.17, rechts). In ihnen wird zu einer ersten Flüssigkeit eine zweite kontrolliert zugetropft und das im Reaktionsgefäß entstehende Gas abgeleitet. Oft muss das Gefäß erwärmt werden, um die Gasentwicklung zu beschleunigen, außerdem kann ein Trägergasstrom eingesetzt werden, um ein sich nur langsam bildendes gasförmiges Edukt effektiver zum Reaktionsort zu transportieren. In diesem Praktikum kommen solche Gasentwickler für die Darstellung von SO_2 (aus $NaHSO_3$ und H_2SO_4) und Cl_2 (aus $KMnO_4$ und HCl) zum Einsatz.

Als Spezialgerät für die Erzeugung von größeren Mengen Wasserdampf sei hier schließlich noch die **Dampfkanne** erwähnt (Abb. 2.18, links). Zudem möchten wir auf das Lehrbuch von Jander und Blasius verweisen, in dem eine gute Übersicht zur Erzeugung von Gasen geboten wird.

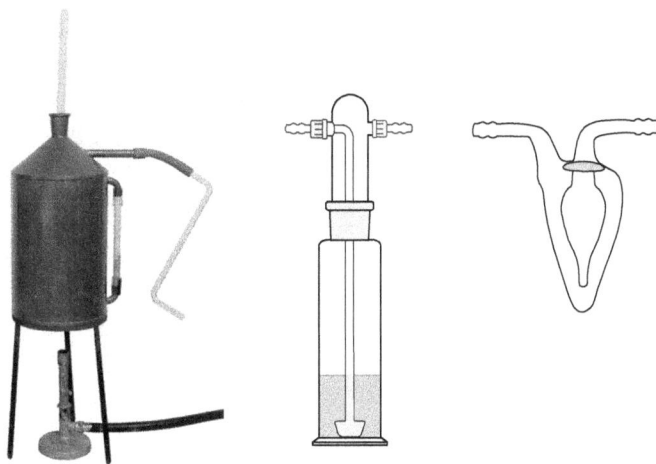

Abb. 2.18: Dampfkanne zur Erzeugung von Wasserdampf im Labor (links). Das Gefäß (meist aus Messing) wird mit einem Bunsenbrenner erhitzt, der Wasserdampf entweicht aus dem horizontalen Auslass rechts oben. Das aufgesetzte Steigrohr aus Glas (Länge ~1 m, nur das untere Ende ist zu sehen) sorgt für eine grobe Druckkontrolle. Gaseinleitungsfritte (Mitte) und Blasenzähler (rechts).

Beim Einsatz von Gasen in Reaktionen ist es generell sehr wichtig, die Geschwindigkeit des Gaszuflusses zum Reaktionsgefäß genau steuern zu können. Daher muss sich zwischen Gasquelle und Reaktionskolben immer ein Hahn befinden, der notfalls auch Gasquelle und Reaktion voneinander trennen kann. Gerade beim **Einleiten von Gasen in Lösungen** sind große Gasflüsse oft nicht nötig. Die Löslichkeit vieler Gase in Flüssigkeiten ist nämlich oft eher gering und die Geschwindigkeit des Lösens von Gasen klein. Da diese Prozesse deutlich beschleunigt werden, wenn die Kontaktfläche zwischen Gas und Lösungsmittel groß ist, sollten Gase vorzugsweise über Gaseinleitungsfritten in eine Flüssigkeit eingeleitet werden, um so möglichst kleine Gasblasen zu erzeugen (Abb. 2.18, Mitte).

Neben dem Hahn zur Steuerung des Gasflusses sollte sich zwischen Gasquelle und Reaktionsgefäß auch immer eine leere **Sicherheitswaschflasche** von ausreichendem Volumen befinden (Abb. 2.17, rechts). Dies ist besonders wichtig, um zu verhindern, dass ein eventuell auftretender Unterdruck die Reaktionslösung direkt Richtung Gasquelle saugt. Wie ihr Name andeutet, können solche Flaschen aber auch dazu genutzt werden, um zum Beispiel Wasser (Trocknung mit Schwefelsäure) oder Chlorwasserstoff (Einleiten in Wasser) aus einem Gasstrom zu entfernen. Schließlich spielen Waschflaschen oft eine wichtige Rolle bei der Behandlung **giftiger oder gefährlicher Abgase** von Reaktionen. Dazu leitet man beispielsweise schwefeldioxid- oder chlorhaltige Gase in Natronlauge ein, in der sich dann Sulfit bzw. Hypochlorit/Chlorid bilden, welche sich gut entsorgen lassen.

Allgemein ist bei der Arbeit mit Gasen zu beachten, dass man es zum einen meist mit farblosen, „unsichtbaren" Reagenzien zu tun hat, zum anderen, dass unter Umständen große Gasdrücke bei den Reaktionen entstehen können. Daher ist es nach dem Aufbau einer Apparatur, in der Reaktionen mit Gasen durchgeführt werden sollen, sehr wichtig, diese vor ihrem Einsatz mit Druckluft auf Dichtigkeit, aber auch auf ungehinderten Gasdurchfluss zu testen. Dafür kann ein einfacher Blasenzähler am Ausgang der Apparatur nützlich sein (Abb. 2.18, rechts). Außerdem ist natürlich darauf zu achten, dass niemals geschlossene Apparaturen mit reaktiven Gasen beschickt oder erwärmt werden dürfen – **Berstgefahr!**

3 Sicherheit im Laboratorium, Entsorgung von Abfällen, Verhalten im Notfall

Jeder Studierende ist für die Einhaltung der Laborordnung seiner Universität selbst verantwortlich. Sie hängt in den Praktikumssälen aus und muss von jedem Studierenden vor Praktikumsbeginn gelesen werden.

Der Umgang mit **gefährlichen Chemikalien** ist in Deutschland durch die Gefahrstoffverordnung (GefStoffV) und im Hochschulbereich durch die „DGUV Information 213-039 – Tätigkeiten mit Gefahrstoffen in Hochschulen" gesetzlich geregelt. Diese Verordnungen sind für Hochschulpraktika bindend und werden mit Beginn des Praktikums als bekannt vorausgesetzt. Die Deutsche Gesetzliche Unfallversicherung (DGUV) hat diese Regelwerke in der Broschüre „Sicherheit und Gesundheit im chemischen Hochschulpraktikum" für Studierende sehr gut aufgearbeitet. Das Dokument ist bei der DGUV in seiner aktuellsten Form online abrufbar.

Das Tragen eines **Schutzkittels** aus Baumwolle und einer **Schutzbrille** mit Seitenschutz ist während der gesamten Praktikumszeit Pflicht. Im Laborbereich sind Essen, Trinken, Rauchen und die Benutzung von Mobiltelefonen verboten.

Der Laborplatz und die Abzüge sind stets sauber zu halten. Um die Funktionsfähigkeit der Abzüge nicht zu mindern, sind die Abzugsscheiben beim Arbeiten so wenig wie möglich zu öffnen. Wird in einem Abzug nicht gearbeitet, ist die Scheibe generell geschlossen zu halten. Apparaturen, die für eine längere Zeit in Gebrauch sind (Rückflussapparaturen, Destillationen etc.) sind mit Platznummer und Name des Praktikanten zu kennzeichnen. Zur Minderung des Gefahrenpotentials sollte darüber hinaus eine **Betriebsanweisung** an der Abzugscheibe angebracht werden. Beim Arbeiten mit Gasen oder flüchtigen Substanzen, die beim Einatmen gefährlich sein können, z. B. Cl_2, H_2S, SO_2, Diethylether usw. muss der Abzug deutlich mit Warnungen versehen werden.

Wird mit **brennbaren Lösungsmitteln** gearbeitet, muss genau darauf geachtet werden, dass keine Zünd- und Wärmequellen in der Nähe sind. Daher darf beim Arbeiten mit solchen Substanzen niemals ein Bunsenbrenner im gleichen Abzug betrieben werden. Es dürfen zudem keine Flaschen mit entzündlichen Lösungsmitteln neben Heizbädern oder Öfen stehen.

Chemikalienabfälle müssen in speziellen Behältern getrennt gesammelt werden. In den meisten Lehrlaboratorien stehen dafür Kanister zur Entsorgung folgender Abfälle bereit:
- schwermetallhaltige, wässrige Abfälle,
- organische Lösungsmittelabfälle,
- Feststoffe, schwermetallhaltige Niederschläge, Filterpapiere mit Feststoffen,
- Glasabfälle, sauber und trocken,
- cyanidhaltige Abfälle.

https://doi.org/10.1515/9783110677843-003

Wässrige und organische Phasen sind zu unterscheiden und voneinander zu trennen. Keinesfalls dürfen organische Lösungsmittel in den wässrigen Schwermetallabfall gelangen, da dies zu gefährlichen Reaktionen führen kann. Die Gefahr durch cyanidhaltige Abfälle kann durch Entsorgung zusammen mit Wasserstoffperoxid reduziert werden.

Glasabfall kann nur sauber und trocken entsorgt werden! Es dürfen keine schmutzigen Pipetten, Reagenzgläser, Kolben und andere Glasgeräte in den Glasabfall gegeben werden.

Sollte ein **Notfall** eintreten, gilt es zuerst, Ruhe zu bewahren und die Assistentinnen und Assistenten zu verständigen. Zur Versorgung kleinerer Unfälle wird im Labor ein Verbandkasten bereitgehalten. Bei größeren Unfällen ist über den Notruf der Universität Hilfe anzufordern; dazu sollten am besten die Haustelefone der Universität benutzt werden. Folgende Informationen sind weiterzuleiten:

– **Wo** ist es passiert?   (Ort, Raumnummer, Rettungstreffpunkt vereinbaren)
– **Was** ist passiert?   (Feuer, Verätzung, Vergiftung etc.)
– **Wie viele** Verletzte?   (Zahl der verletzten Personen)
– **Welche Art** von Verletzungen gibt es?
– **Nicht auflegen**, sondern auf Rückfragen warten!

Im Brand- oder Explosionsfall: Sofort alle Laborkollegen warnen und die Assistentin oder den Assistenten alarmieren. Eigenschutz geht vor Sachschutz, also begebe man sich nicht unnötig in Gefahr! Verletzte bergen und außerhalb des Gefahrenbereichs Erste Hilfe leisten, brennende Kleidung mit Löschdecke oder Notdusche löschen! Bei größeren Bränden, die durch den Einsatz der Handfeuerlöscher nicht gelöscht werden können, unbedingt sofort das Labor räumen und Feuermelder im Treppenhaus betätigen. Jeder Studierende hat sich vor Aufnahme seiner praktischen Arbeit im Praktikum über den Ort und den Gebrauch von Feuermeldern, Feuerlöschmitteln und die Fluchtwege zu informieren.

Generell ist zu beachten, dass Aspekte der Laborsicherheit an jeder Hochschule anders geregelt werden. Es gelten immer die jeweils vor Ort gültigen Sicherheitsbestimmungen!

4 Präparateteil

A Elementdarstellungen

Hintergrund

In Lehrbüchern und Enzyklopädien der anorganischen Chemie beginnen die Kapitel zur „Chemie der Elemente" klassisch mit Abschnitten zu Vorkommen und Darstellung. Nur wenige Elemente liegen auf der Erde elementar vor, wie zum Beispiel die Gase Stickstoff und Sauerstoff in der Erdatmosphäre, die Edelmetalle Silber und Gold in Metalladern unter Tage, aber auch Schwefel als Beispiel für ein Nichtmetall, das beispielsweise von Vulkanen in großen Mengen freigesetzt werden kann.

Die Erdoberfläche und die oberen Gesteinsschichten der Erde sind vielmehr von den Reaktionsprodukten mit elektronegativen Elementen wie Sauerstoff, Chlor oder Schwefel aus dem oberen, rechten Teil des Periodensystems dominiert. Mit den weitaus elektropositiveren Metallen und Halbmetallen, die die große Mehrzahl der Elemente darstellen, bilden diese elektronegativen Nichtmetalle ionische Festkörperverbindungen wie Oxide, Sulfide, Silicate, Halogenide etc., aus denen der Hauptteil der Lithosphäre besteht.

Die Reaktionen, die zur Darstellung der meisten Elemente aus ihren natürlich vorkommenden Quellen durchgeführt werden, sind daher in der Regel Reduktionsprozesse, die in der Erdkruste häufige Elemente wie Silicium, Aluminium, Eisen oder Natrium aus ihren oxidierten in ihre elementaren Formen überführen. Dabei müssen zum Teil sehr starke Reduktionsmitteln eingesetzt werden.

Die meisten Präparate dieses Kapitels sind daher Reaktionen, bei denen jeweils aus Elementoxiden durch Reduktion elementares Halbmetall oder Metall gewonnen wird. Als Beispiel für eine typische Darstellungsmethode eines Nichtmetalls dient Präparat A6, bei dem, umgekehrt zum Vorgehen bei den Metallen, das Nichtmetall Chlor aus Chlorid (seiner häufig vorkommenden reduzierten Form) oxidativ gewonnen wird. Zusätzlich zu den hier im Teil A aufgeführten Reaktionen sei ausdrücklich auch auf das Kapitel J, „Großtechnische Verfahren im Labormaßstab", verwiesen, in dem mit dem Hochofenprozess eine technisch wichtige Methode zur Gewinnung des Elements Eisen demonstriert wird.

Generell lassen sich die Reduktionsmethoden zur Gewinnung von Metallen aus ihren oxidierten Formen in vier Gruppen einteilen: Bei **elektrolytischen Verfahren** werden die Elemente (meist Metalle) aus Lösungen oder Salzschmelzen durch direkte Reduktion der Metallkationen an geeigneten Kathoden gewonnen. Lehrbuchbeispiele dafür sind zum Beispiel die Gewinnung von elementarem Natrium aus einer NaCl-haltigen Schmelze in der Downs-Zelle oder die im Kapitel J dieses Buches beschriebene Abscheidung von Kupfer aus wässriger Kupfersulfatlösung. Über die Wahl des richtigen Abscheidungspotenzials lässt sich das Element durch Elektrolyse oft selektiv und in hoher Reinheit gewinnen. Eine Einschränkung des Verfahrens stellt aber die Tatsache dar, dass die zu reduzierenden Kationen in Schmelze oder Lösung mobil vorliegen müs-

https://doi.org/10.1515/9783110677843-004

sen, was für viele Elemente wie Eisen, Wolfram oder Silicium nicht einfach zu erreichen ist.

Daher werden viele Elemente in chemischen Reduktionsreaktionen gewonnen, bei
denen feste Edukte mit festen oder gasförmigen Reduktionsmitteln reagieren. Erfolgt
die Reduktion durch elementare (unedle) Metalle, spricht man von einer **metallother-
mischen Reduktion**. Die häufigsten Verfahren dieser Art sind Reaktionen von Metall-
und Halbmetalloxiden mit elementarem Aluminium, wie sie in den Präparaten A1 bis A5
dieses Kapitels zur Gewinnung von Mangan, Silicium, Bor, Eisen und Kupfer in elementarer Form eingesetzt werden. Dabei wirkt das unedle Metall Aluminium als Reduktionsmittel und wird im Laufe der Reaktionen selbst zu Aluminium(III)-oxid oxidiert. Die
Bildung des Produkts Al_2O_3 mit seiner sehr hohen Gitterenergie sorgt dafür, dass auch
bei den aluminothermischen Reduktionen von reaktionsträgen Oxiden wie SiO_2 oder
B_2O_3 hohe Ausbeuten erreicht werden können. Der stark exotherme Charakter der Prozesse (es können Temperaturen von bis zu 2000 °C erreicht werden!) führt zudem dazu,
dass die metallischen Produkte oft direkt in geschmolzener Form aus dem Reaktionsgemisch gewonnen werden. Für Eisen wird dies im aluminothermischen Schweißen
technisch genutzt. Nachteile metallothermischer Reduktionen sind der hohe Energie-
aufwand durch den Umweg der Reaktionsführung über ein zweites, zuerst elementar
darzustellendes Metall wie Aluminium. Außerdem kann es zur Verunreinigung des Produkts mit dem reduzierenden Metall kommen, falls die Bildung einer Legierung beider
Metalle möglich ist.

Ein häufig eingesetzter alternativer Weg zur reduktiven Gewinnung von Elementen
stellt die Umsetzung von Metalloxiden mit elementarem Kohlenstoff dar. Tatsächliches
Reduktionsmittel ist dabei allerdings meist nicht der Kohlenstoff der Kohle selbst, son-
dern Kohlenmonoxid, das über das BOUDOUARD-Gleichgewicht aus Kohlendioxid und
Kohle gebildet wird. Das technisch wichtigste Beispiel einer solchen **carbothermischen
Reduktion** ist Thema des Versuchs „Hochofenprozess" im Kapitel J.

Zu einer vierten Kategorie von Elementdarstellungen lassen sich schließlich chemische **Reduktionen mit niedermolekularen Verbindungen** wie Oxalaten, Sulfiden,
Cyaniden oder auch elementarem Wasserstoff zusammenfassen. Solche Reaktionen
können bei richtiger Wahl des Reduktionsmittels besonders dann sehr reine Produkte
liefern, wenn aus den Reduktionsmitteln leicht abtrennbare Oxidationsprodukte (am
besten Gase oder auswaschbare Salze) entstehen. So lassen sich zum Beispiel die extrem
hochschmelzenden Metalle der Gruppen 4 bis 6 des Periodensystems in elementarer
Form oft durch Reduktion der entsprechenden Oxide mit Wasserstoff gewinnen. Das
hierbei außerdem entstehende Reaktionsprodukt H_2O entweicht bei den Reaktionstemperaturen (z. B. bis zu 1000 °C für die Reduktion von MoO_3 durch Wasserstoff) als
Gas. In den Präparaten A7, A8 und A9 werden solche chemische Reduktionen in Form
der Darstellungen von elementarem Bismut, Antimon und Selen aus den Oxiden vorgestellt, wobei Oxalat, Cyanid bzw. Sulfit als molekulare Reduktionsmittel zum Einsatz
kommen.

Allgemeine Vorbereitungsfragen:
- Definieren Sie die Begriffe Nichtmetall, Halbmetall und Metall! Wie unterscheiden sich diese drei Gruppen generell chemisch und physikalisch in ihren Eigenschaften? Beschreiben Sie die Bindungsverhältnisse z. B. unter Verwendung des Bändermodells!
- Gold ist ein typisches Beispiel für ein Metall, das auf der Erde gediegen vorkommt. Welche wichtige chemische Eigenschaft von Gold erklärt dies?
- Nennen Sie zwei Metalloxide, die man nicht mit Kohlenstoff zum Metall reduzieren kann. Welche weiteren Reduktionsmittel zur Darstellung von Metallen aus ihren Verbindungen kennen Sie?
- Welche technischen Verfahren werden zur Reinigung elementarer Metalle eingesetzt?

Präparate A1–A5: allgemeine Versuchsvorschrift für aluminothermische Reaktionen

Achtung: Die Reaktionsmischungen dürfen nur unter Aufsicht der Assistentin oder des Assistenten an einem geeigneten Ort (meist im Freien) zur Entzündung gebracht werden! Besondere Sorgfalt ist bei der Herstellung des Zündgemisches geboten!

Reaktionsaufbau (Abb. 4.1): Für diesen Versuch benötigt man einen Tiegel oder Tonblumentopf, $\varnothing$ 10–15 cm. Da dieser aber sehr häufig zerspringt, ist es empfehlenswert, diesen Blumentopf in einen zweiten, etwas größeren Topf, $\varnothing$ 18 cm zu stellen. Tontöpfe neigen dazu, Wasser aufzunehmen, wenn sie draußen gelagert werden. Dadurch springen sie leichter und es lohnt sich, sie vor dem Versuch über Nacht in den Trockenschrank zu stellen. Das Loch im Boden des Topfes sollte mit einem dünnen Papier abgedeckt werden. Auf dem Boden des Tiegels oder des Tonblumentopfes werden nun zuunterst 10 g Calciumfluorid (CaF_2) möglichst gleichmäßig verteilt und anschließend mit dem Reaktionsgemisch (siehe individuelle Präparatevorschriften) überschichtet. Als Zündungsgemisch werden 10 g Mg-Pulver und 2 g Bariumperoxid (BaO_2) sehr vorsichtig in einer Porzellanschale vermischt. *Achtung*: nicht verreiben! Etwa 2/3 dieses Zündgemisches wird in eine trichterförmige Vertiefung auf dem Reaktionsgut gebracht, der Rest in einer dünnen Schicht auf der Oberfläche verteilt.

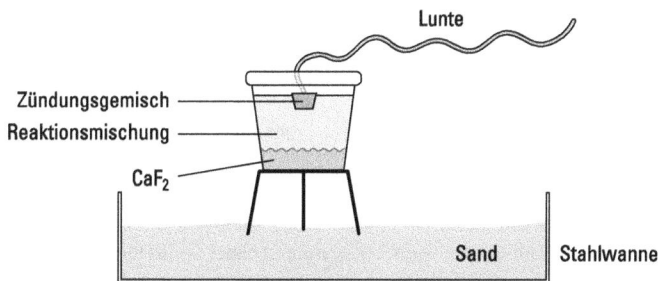

Abb. 4.1: Versuchsaufbau aluminothermisches Verfahren.

Zündung: Das Reaktionsgefäß wird nun an einen windgeschützten Ort im Freien gebracht, wo die Reaktion gefahrlos durchgeführt werden kann. Der Tontopf sollte dabei mit einem passenden Metalldreifuß in einer mit Sand befüllten Wanne stehen. Im Umkreis von mindestens 5 Metern um das Reaktionsgefäß sollte sich nichts befinden, dass durch heiße, unter Umständen heraussprühende Glut Schaden nehmen könnte. Zum Zünden wird ein Ende einer kommerziellen pyrotechnischen Anzündschnur (Schwarzpulver-Anzündlitze, ungefähr 50 cm lang) in die Zündmischung gesteckt und zur Seite über den Rand des Tontopfes herausgeführt. Das freie Ende wird nun gezündet, dabei sind **unbedingt Schutzbrille und Lederhandschuhe zu tragen!** Anschließend bringe man sich <u>sofort</u> in sichere Entfernung (>5 m!), da glühende Schmelze aus dem Tiegel sprühen kann. Sollte das Gemisch nicht zünden, so darf der Zündvorgang mit einer neuen Anzündschnur erst nach längerer Wartezeit (mindestens 5 min!) wiederholt werden. Genügend Abkühlzeit (mind. 15 min) sollte eingeplant werden.

Aufarbeitung: Nach dem Versuch sollte das Produkt im Freien mit dem Hammer von Schlacke befreit werden. Im Labor kann es sonst zu Geruchsbelästigung und Bodenschäden kommen und es darf auf gar keinen Fall in den Abzügen oder auf der Laborbank gehämmert werden, da sonst die Keramik springen kann! Bei der Aufreinigung sollte darauf geachtet werden, Salzsäure (HCl) mit einer Konzentration von max. 2 mol/L zu verwenden („verdünnte HCl" ist oft zu konzentriert und löst die Elemente z. T. auf).

Präparat A1 – Mangan, Mn *(mittel)*

Durchführung: Siehe *„allgemeine Vorschrift für aluminothermische Reaktionen".*

Reaktionsmischung: 40 g Mangan(IV)-oxid (MnO_2) werden in einem Tiegel über Nacht bei ca. 900 °C geglüht und am nächsten Tag mit 40 g MnO_2 und 25 g feinkörnigem Aluminiumgries vermischt.

Aufarbeitung: Nach dem Erkalten wird das in Form eines Regulus gebildete Elementpräparat aus dem Tiegel geborgen und mechanisch von anhaftender Schlacke befreit. *Vorsicht*: Verbrennungsgefahr!

Eigenschaften: silbergrau, hart, sehr spröde

Vorbereitungsfragen:
- Stellen Sie eine Reaktionsgleichung für die Reaktion von MnO_2 mit Al auf und bestimmen Sie die Oxidationsstufen der Edukte und Produkte!
- Was ist die thermodynamische Triebkraft der aluminothermischen Reaktion?
- Welche Rolle spielt CaF_2 bei der Reaktion?
- Was entsteht beim Glühen von MnO_2 über Nacht und warum ist dieser Schritt für eine erfolgreiche Synthese wichtig?

Präparat A2 – Silicium, Si *(mittel)*

Durchführung: *Siehe „allgemeine Vorschrift für aluminothermische Reaktionen".*

Reaktionsmischung: 40 g feiner, gut getrockneter Sand (Trockenschrank 150°, 12 h), 45 g Al und 56 g Calciumsulfat ($CaSO_4$, wasserfrei!) werden intensiv vermischt. Die Herstellung von wasserfreiem $CaSO_4$ geschieht im Ofen durch Entwässern von $CaSO_4 \cdot 2\,H_2O$ bei 500 °C für mind. 12 h.

Aufarbeitung: Nach dem Erkalten wird das gebildete Elementpräparat aus dem Tiegel geborgen und mechanisch von anhaftender Schlacke befreit. *Vorsicht*: Verbrennungsgefahr! Es entsteht oftmals kein einzelner Regulus, sondern kleine, in der Schlacke verteilte Stücke. Häufig kann man glänzendes, polykristallines Silicium an einer Regulus-Bruchkante beobachten. Die Silicium-Stücke werden nach dem mechanischen Entfernen der Schlacke in einer Porzellanschale vorsichtig mit wenig verdünnter Salzsäure (HCl, $c = 2\,mol/L$) gesäubert.

Eigenschaften: dunkelgraue, glänzende, harte und spröde Stücke, oft in Form kleiner Oktaeder

Vorbereitungsfragen:
- Stellen Sie eine Reaktionsgleichung für die Reaktion von SiO_2 mit Al auf und bestimmen Sie die Oxidationsstufen der Edukte und Produkte!
- Was ist die thermodynamische Triebkraft der aluminothermischen Reaktion?
- Welche Rolle spielen CaF_2 und $CaSO_4$ bei der Reaktion?
- Wie sind die Atome in α-Silicium angeordnet? Vergleichen Sie die Struktur mit den allotropen Modifikationen des Kohlenstoffs!
- Wozu werden Silicium und Germanium in der Technik verwendet?
- Wie wird reinstes Silicium hergestellt? Geben Sie die Reaktionsgleichungen an!

Präparat A3 – Bor, B *(mittel)*

Durchführung: *Siehe „allgemeine Vorschrift für aluminothermische Reaktionen".*

Reaktionsmischung: 20 g wasserfreies Bor(III)-oxid (B_2O_3, Trockenschrank 150 °C, 12 h), 65 g Calciumsulfat ($CaSO_4$, wasserfrei!) und 60 g Al werden intensiv vermischt. Die Herstellung von wasserfreiem $CaSO_4$ geschieht im Ofen durch Entwässern von $CaSO_4 \cdot 2\,H_2O$ bei 500 °C für mind. 12 h.

Aufarbeitung: *siehe Präparat A2 (Silicium)*

Eigenschaften: dunkelgraue, spröde Stücke

Vorbereitungsfragen:
- Stellen Sie eine Reaktionsgleichung für die Reaktion von B_2O_3 mit Al auf und bestimmen Sie die Oxidationsstufen der Edukte und Produkte!
- Was ist die thermodynamische Triebkraft der aluminothermischen Reaktion?
- Welche Rolle spielen CaF_2 und $CaSO_4$ bei der Reaktion?
- Wie sind die Atome in elementarem Bor angeordnet und welche besondere Bindungssituation liegt hier zwischen den Atomen vor?

- Ist Bor ein Metall?
- Wie wird reinstes Bor hergestellt?

Präparat A4 – Eisen, Fe *(mittel)*

Durchführung: *Siehe „allgemeine Vorschrift für aluminothermische Reaktionen".*

Reaktionsmischung: 25 g wasserfreies Eisen(III)-oxid (Fe_2O_3, Trockenschrank 150 C, 12 h), 40 g Calciumsulfat ($CaSO_4$, wasserfrei!) und 16 g Al werden intensiv vermischt. Die Herstellung von wasserfreiem $CaSO_4$ geschieht im Ofen durch Entwässern von $CaSO_4 \cdot 2\,H_2O$ bei 500 °C für mind. 12 h.

Aufarbeitung: *siehe Präparat A2 (Silicium).* Eisen wird von einem Permanentmagneten angezogen – ist ein solcher zur Hand, kann das Produkt daher auch „magnetisch" geborgen werden!

Eigenschaften: graue, spröde Stücke

Vorbereitungsfragen:
- Stellen Sie eine Reaktionsgleichung für die Reaktion von Fe_2O_3 mit Al auf und bestimmen Sie die Oxidationsstufen der Edukte und Produkte!
- Was ist die thermodynamische Triebkraft der aluminothermischen Reaktion?
- Welche Rolle spielen CaF_2 und $CaSO_4$ bei der Reaktion?
- Wie sind die Atome in elementarem Eisen angeordnet (man denke dabei auch an ein berühmtes Brüsseler Bauwerk für die Expo58!)?
- Was für allotrope Modifikationen des Eisens gibt es und wie unterscheiden sie sich strukturell?
- Welche Eigenschaften kennzeichnen Eisen klar als Metall?
- Was passiert, wenn man einen Eisennagel in die Nähe eines Magneten bringt und warum?
- Vergleichen Sie die aluminothermische Darstellung von Eisen mit der Gewinnung von Roheisen im Hochofenprozess (Versuch J2)! Wie unterscheiden sich das Produkt dieses Präparats A4, Roheisen aus dem Hochofen und Stahl?

Präparat A5 – Kupfer, Cu *(mittel)*

Durchführung: *Siehe „allgemeine Vorschrift für aluminothermische Reaktionen".*

Reaktionsmischung: 36 g wasserfreies Kupfer(II)-oxid (CuO, Trockenschrank 150 °C, 12 h), 30 g Calciumsulfat ($CaSO_4$, wasserfrei!) und 9 g Aluminium (Al) werden intensiv vermischt. Die Herstellung von wasserfreiem $CaSO_4$ geschieht im Ofen durch Entwässern von $CaSO_4 \cdot 2\,H_2O$ bei 500 °C für mind. 12 h. Anmerkung: Es kann neben Kupfer auch eine Cu/Al-Legierung entstehen, die golden glänzt. Das passiert vor allem, wenn das Aluminiumgrieß schlecht mit dem Rest der Reaktionsmischung vermischt wurde und/oder die Al-Körner zu groß sind.

Aufarbeitung: *siehe Präparat A2 (Silicium).*

Eigenschaften: rötlich glänzende Stücke, duktil

Präparat A6 – Chlor, Cl_2, und Chlorhydrat, $Cl_2 \cdot 7.3H_2O$ *(schwer)*

Achtung! Chlorgas ist giftig und korrosiv!

Durchführung: Die Apparatur beinhaltet einen Cl_2-Gasentwickler und vier hintereinander geschaltete Waschflaschen, die zweite ist eine gekühlte Gaswaschflasche, zur Hälfte befüllt mit destilliertem Wasser, in der sich das Chlorhydrat bildet. Die vierte ist mit verdünnter Natronlauge (NaOH, $c = 2\,mol/L$) beschickt und dient zur Entfernung des Chlorgases aus dem Abgas. Die erste und die dritte Gaswaschflasche bleiben leer (Abb. 4.2).

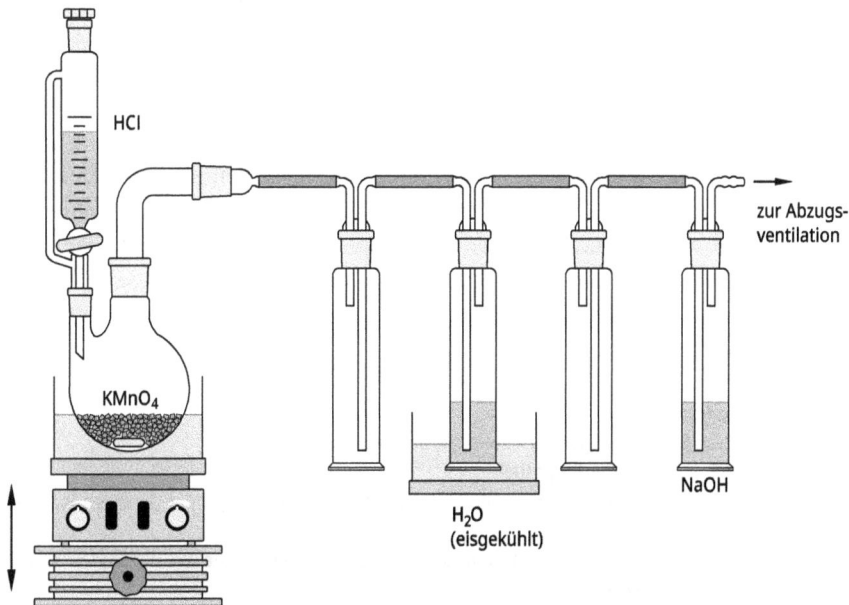

Abb. 4.2: Versuchsaufbau Präparat A6: Chlor und Chlorhydrat.

Gasentwickler: In einen 100-mL-Zweihalskolben werden 5 g fein gemörsertes Kaliumpermanganat ($KMnO_4$) gegeben. Auf eine Öffnung des Kolbens wird ein Tropftrichter mit 30 mL konzentrierter Salzsäure (HCl, 37 %-ig, $c = 12\,mol/L$) aufgesteckt, der zweite wird mit einem (möglichst kurzen!) PVC-Schlauch über eine Sicherheitsflasche mit einer ersten Gaswaschflasche verbunden. Der Zweihalskolben sollte zudem über ein Ölbad zu erwärmen sein.

Chlorhydrat-Gefäß: Die zweite mit dem Gasentwickler verbundene Gaswaschflasche enthält 10 mL Wasser, durch das das Chlorgas geleitet wird. Sie wird in einem Eisbad auf 0 °C gekühlt.

Chlorabsorptionsapparatur: Nach dem Chlorhydrat-Gefäß wird das immer noch sehr chlorreiche Abgas zuerst durch eine leere, danach durch eine mit verdünnter Natronlauge beschickten Gaswaschflasche geleitet. So wird das Chlor fast vollständig aus dem Abgas entfernt. Das aus der vierten Flasche entweichende Abgas führt man über einen direkt hinten in die Abzugslüftung gesteckten PVC-Schlauch der Laborabluft zu.

Nach dem vollständigen Aufbau der Apparatur wird der Kolben mit dem Kaliumpermanganat auf ca. 50 °C erwärmt und dann vorsichtig Salzsäure (HCl) zugetropft. Es entsteht grünliches Chlorgas, das nur sehr langsam durch das eiskalte Wasser der zweiten Waschflasche strömen sollte. Nach einigen Minuten bilden sich grünlichgelbe Kristalle des Chlorhydrats, die nur in der Kälte stabil sind.

Wenn eine deutlich erkennbare Menge Chlorhydrat entstanden ist, beendet man die Reaktion und wärmt die Suspension des Chlorhydrats wieder auf. Bei Raumtemperatur hat sich das Hydrat aufgelöst und man erhält Chlorwasser. Von diesem entnimmt man Teile, bestimmt den pH-Wert und überprüft die Reaktion des Chlorwassers mit bromid- bzw. iodidhaltigen Lösungen, die man mit Dichlormethan unterschichtet.

Entsorgung: Alle chlorhaltigen, wässrigen Lösungen werden im Abzug in einem Becherglas vereinigt, sie sollten durch die NaOH stark alkalisch sein. Vorsichtig versetzt man nun mit verdünnter Wasserstoffperoxidlösung und lässt über Nacht im Abzug stehen, um das Chlor vollständig zu oxidieren.

Eigenschaften: Chlor: grünliches, giftiges Gas. Chlorhydrat: gelbgrüne Kristalle, nur in der Kälte und in Wasser stabil

Vorbereitungsfragen:
- Formulieren Sie die Reaktionsgleichung, die im Gasentwickler abläuft!
- Wie wird Chlor industriell hergestellt?
- Welche Bindungsordnung hat die Cl-Cl-Bindung im Cl_2-Molekül? Begründen Sie dies anhand eines MO-Schemas!
- Die Verbindung $Cl_2 \cdot 7.3H_2O$ gehört zur Klasse der Gashydrate / Clathrate. Welche Strukturen weisen solche Verbindungen auf?
- Warum reagiert Chlorwasser sauer?
- Warum reagiert Chlorwasser mit bromid- und iodid- aber nicht mit fluoridhaltigen Lösungen?

- Welche Reaktionen laufen in der Chlorabsorptionsapparatur (vierte Gaswaschflasche) ab?
- Was ist PVC, wie wird es hergestellt und warum ist es als Schlauchmaterial hier gut geeignet?

Präparat A7 – Bismut, Bi (*leicht*)

Durchführung: Je 250 mg Bismut(III)-oxid (Bi_2O_3) und Natriumoxalat ($Na_2C_2O_4$) werden in ein Glühröhrchen von ca. 10 cm Länge gefüllt. Man erhitzt vorsichtig mit dem Bunsenbrenner (*Abzug!*), wobei sich elementares Bismut bildet. Nach dem Abkühlen wird das Feststoffgemisch mehrmals gründlich mit destilliertem Wasser behandelt. Das Waschwasser wird verworfen, zurück bleibt Bismut in Form kleiner Kugeln.

Eigenschaften: graues Pulver

Vorbereitungsfragen:
- Stellen Sie eine Reaktionsgleichung für die Reaktion von Bi_2O_3 mit $Na_2C_2O_4$ auf und bestimmen Sie die Oxidationsstufen der Edukte und Produkte!
- Inwiefern unterscheiden sich die chemischen Eigenschaften von Bismut grundsätzlich von denen seiner Homologen Stickstoff und Phosphor?
- Wie sind die Atome in elementarem Bismut angeordnet?
- Warum ist die Oxidationsstufe +III, wie sie im Bi_2O_3 vorliegt, für Bismut im Gegensatz zu Stickstoff oder Phosphor sehr stabil?
- Warum ist es bei der Synthese sehr wichtig, dass im Abzug gearbeitet wird?

Präparat A8 – Antimon, Sb (*mittel*)

Achtung! Cyanide sind sehr giftig! Wegen der Gefahr einer HCN-Entwicklung muss immer im Abzug gearbeitet werden, in dem sich außerdem keine Säuren befinden dürfen. Die cyanidhaltigen Lösungen müssen sachgemäß entsorgt werden. Sie dürfen niemals (!) unbehandelt in den Abfallkanister gegeben werden!

Durchführung: Zuerst werden 1.2 g Antimon(III)-oxid (Sb_2O_3) und 0.35 g Kaliumcyanid (KCN) eingewogen, was einem molaren Verhältnis von 5:7 Mol entspricht. Dieses Gemisch wird in einem Tiegel mit etwa 5 g Schutzschmelze ($NaCl + CaCl_2$ im Verhältnis 1:2) überschichtet. Nun wird zuerst vorsichtig mit dem Bunsenbrenner etwa 15 min lang erhitzt, damit der Tiegel nicht platzt. Danach wird die Mischung 2 h bei 800 °C im Ofen behandelt. Nach dem Abkühlen werden die Schutzschmelze und das restliche KCN mehrmals mit viel warmem, basischem(!) Wasser (pH = 10) gewaschen, bis elementares Antimon aus dem Tiegel entnommen werden kann. *Achtung*: vor der Entsorgung muss das Waschwasser mit einer wässrigen $NaOH/Na_2O_2$-Lösung versetzt und über Nacht stehen gelassen werden, um alles restliche Cyanid zu oxidieren! Dafür sollte ein großes Reaktionsgefäß gewählt werden, welches gut abgedeckt werden kann.

Eigenschaften: silberweiße, stark glänzende, spröde Substanz

Vorbereitungsfragen:

– Stellen Sie eine Reaktionsgleichung für die Reaktion von Sb_2O_3 mit KCN auf und bestimmen Sie die Oxidationsstufen der Edukte und Produkte!

– Wie sind die Atome in elementarem Antimon (graue Modifikation) angeordnet? Welche weiteren Elemente der Gruppe 15 kristallisieren in einer ähnlichen Struktur?

– Warum ist Antimon bei Raumtemperatur kein Gas wie das leichtere Homolog Stickstoff?

– Welche Reaktionen laufen bei der Entsorgung von Cyanid ab?

– Zeichnen Sie eine Lewis-Formel von CN^-! Zu welchen zweiatomigen Molekülen ist Cyanid isoelektronisch?

– Warum wird das Cyanidion auch als Pseudohalogenid bezeichnet?

– Warum sind Cyanide giftig?

– Warum ist der pH-Wert bei der Entsorgung der Cyanide so wichtig?

Präparat A9 – Selen, Se *(schwer)*

Achtung! SO_2 ist giftig und in Gegenwart von Wasser ätzend! Selen und seine Verbindungen sind sehr giftig. Alle Arbeiten müssen in einem Abzug durchgeführt werden.

Durchführung: Zunächst wird ein 25-mL-Zweihalskolben auf einer Magnetrührplatte in ein kaltes Wasserbad gestellt. In den Kolben werden 2.5 mL konzentrierte Schwefelsäure (H_2SO_4) vorgelegt. Auf dem mittleren Hals des Kolbens wird ein Tropftrichter mit Druckausgleich aufgesetzt. In den Tropftrichter wird eine Lösung aus 3.85 g Natriumdisulfit ($Na_2S_2O_5$) und 6 mL Wasser gefüllt. Der zweite Hals des Kolbens wird über ein Gaseinleitungsrohr und ein Quickfit so mit zwei Gaswaschflaschen verbunden, dass kein Flüssigkeitsaustausch stattfinden kann (siehe Abb. 4.3). An die zweite Gaswaschflasche wird ein Gaseinleitungsrohr an-

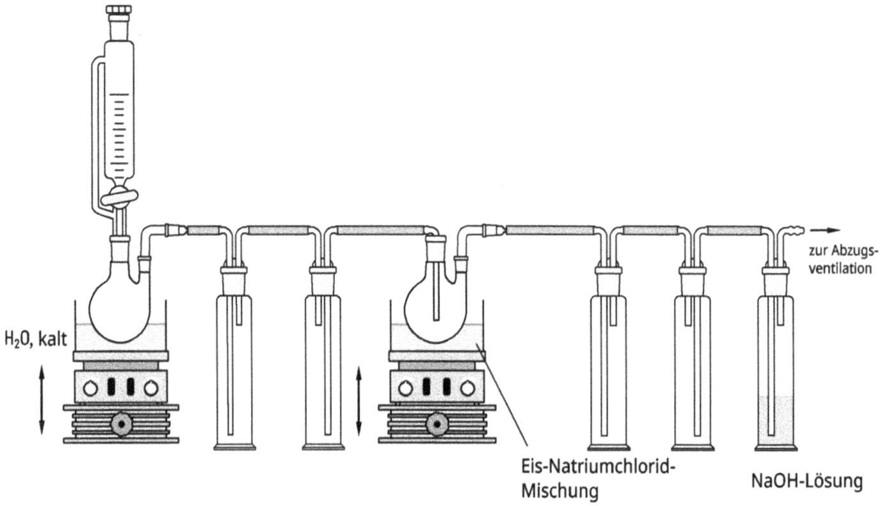

Abb. 4.3: Versuchsaufbau Präparat A9: Selen.

geschlossen, das über ein Quickfit in einen 100-mL-Zweihalskolben führt. Der 100-mL-Zweihalskolben steht ebenfalls auf einer Magnetrührplatte und wird mit einer Eis-Natriumchlorid-Mischung gekühlt. Das Gaseinleitungsrohr wird so positioniert, dass entstehendes Gas die Flüssigkeit im Kolben durchströmen kann, ohne den Rührfisch zu berühren. In diesen Kolben wird eine Lösung aus 0.75 g SeO_2 in 10 mL halbkonzentrierter Salzsäure (HCl, c = 6 mol/L) vorgelegt. An den zweiten Hals dieses Kolbens schließt man über ein weiteres Quickfit drei Gaswaschflaschen an, die als Gasvernichtung dienen und verhindern, dass Flüssigkeit zurück in den Kolben gelangt. Die letzte der angeschlossenen Gaswaschflaschen wird mit einer Natriumhydroxidlösung befüllt, sie dient als Gasfalle. Nachdem die Apparatur auf Dichtigkeit geprüft wurde, wird die Natriumdisulfitlösung sehr langsam und unter ständigem Rühren aus dem Tropftrichter in die Schwefelsäure getropft. Dabei wird eine heftige Gasentwicklung beobachtet. In dem gekühlten 100-mL-Zweihalskolben fällt ein roter Niederschlag aus. Nach Beendigung der Reaktion versetzt man die rote Lösung mit etwas kaltem Wasser und lässt sie etwa 15 min stehen. Anschließend wird die Suspension über eine G4-Fritte filtriert und der Rückstand mit möglichst wenig eiskaltem Wasser gewaschen. Der gewonnene Feststoff wird im Exsikkator getrocknet. Die Geräte sollten mit Peroxoschwefelsäure („Carosche Säure") gereinigt werden, da Selenreste allgemein nur schlecht entfernt werden können.

Eigenschaften: rote, lichtempfindliche Substanz

Vorbereitungsfragen:
- Stellen Sie die Reaktionsgleichung für die Reaktion von $Na_2S_2O_5$ mit der konzentrierten Schwefelsäure auf, sowie für die Bildung des Selens und bestimmen Sie die Oxidationsstufen der Edukte und Produkte!
- Inwiefern unterscheiden sich die chemischen Eigenschaften von Selen von seinen Homologen Schwefel und Tellur?
- Vergleichen Sie die allotropen Modifikationen der Elemente Schwefel, Selen und Tellur!
- Worauf beruht die Giftigkeit von Selen?
- In welchen Bereichen findet Selen Anwendung?
- Wie wird Carosche Säure hergestellt? Formulieren Sie eine Reaktionsgleichung!

B Legierungen

Hintergrund

Im Periodensystem stellen **Metalle** mehr als 80 % der Elemente dar. Sie zeichnen sich durch ihren metallischen Glanz, ihre hohe elektrische und thermische Leitfähigkeit sowie durch ihre Verformbarkeit (Duktilität) aus. Trotz dieser Gemeinsamkeiten zeigen sie aber stark unterschiedliche chemische Eigenschaften, was anhand der elektrochemischen Spannungsreihe erklärt werden kann. Einige Metalle sind wenig reaktiv und werden in der Natur elementar (gediegen) gefunden. In der Lithosphäre liegen die meisten Metalle aber gebunden in Form von Oxiden, Sulfiden, Silicaten etc. vor und weisen positive Oxidationszahlen auf. Bestimmte Meteorite sowie der innere Erdkern bestehen vorwiegend aus elementarem Eisen mit geringen Anteilen von Nickel.

Viele Eigenschaften von Metallen lassen sich anhand des stark vereinfachten **Elektronengasmodells** erklären. Dabei geht man davon aus, dass positiv geladene Atomrümpfe vorliegen, die ein Kristallgitter bilden. Die Bindungselektronen sind zwischen den Atomrümpfen delokalisiert, was zur Ausbildung ungerichteter Bindungen führt. Der Übergang von diesen zu den gerichteten Bindungen zwischen den Atomen elementarer Halbmetalle und Nichtmetalle ist fließend. So sind von einigen Metallen Modifikationen mit eher metallischer und andere mit eher kovalenter Bindung bekannt. Ein prominentes Beispiel dafür ist elementares Zinn, das sowohl in der metallischen β- als auch in der halbmetallischen α-Modifikation vorliegen kann.

Die Fähigkeit der Menschheit, die zu einer Zeit besten Werkzeuge, Geräte oder Waffen aus einem bestimmten Material herstellen zu können, hat den Lauf der Geschichte stark beeinflusst. So werden ganze Perioden der Menschheitsgeschichte nach Metallen bzw. intermetallische Phasen benannt, wie die Kupfer(stein)zeit, die Bronzezeit (Bronzen sind intermetallische Phasen von Kupfer und meist Zinn) oder die Eisenzeit. Oft war es historisch von großer Bedeutung, ob einer bestimmten gesellschaftlichen Gruppe die Herstellung (also die Synthese) und Verarbeitung eines metallischen Werkstoffs gelang, welcher dann einen (vor allem militärisch) entscheidenden technischen Vorteil darstellte.

Metallische Stoffe spielen also aufgrund ihrer chemischen, physikalischen und mechanischen Eigenschaften eine bedeutende Rolle in der Technik und im Alltagsleben. Heute werden sie unter anderem als Edukte in Synthesen, als Katalysatoren oder für die Konstruktion von Fahrzeugen und Gebäuden eingesetzt. In den meisten Fällen kommen dabei aber nicht die reinen Metalle zum Einsatz, sondern es werden vielmehr „Metallmischungen" (**Legierungen**) verwendet, deren Eigenschaften sich durch ihre chemischen Zusammensetzungen einstellen und optimieren lassen. Aufgrund der Vielzahl metallischer Elemente sind sehr viele Kombinationen von Metallen möglich, aus denen binäre, ternäre usw. Phasen verschiedenster Stoffmengenanteile gebildet werden können.

Für die Reaktionsprodukte, die bei der Umsetzung von zwei oder mehr Metallen erhalten werden, gibt es die Bezeichnungen Legierungen, feste Lösungen, intermetallische Phasen und intermetallische Verbindungen. Häufig wird bei intermetallischen Systemen das Gesetz der konstanten Proportionen nicht streng erfüllt, man findet vielmehr variable Zusammensetzungen der Stoffe. In einer **festen Lösung** liegt eine lückenlose (unbegrenzte) Mischbarkeit der Metalle vor (ein prominentes Beispiel sind Silber und Gold), wobei die Atome zwar Plätze eines definierten Gitters einnehmen, auf diesem aber statistisch verteilt sind und sog. Substitutionsmischkristalle bilden. Im Fall einer **intermetallischen Phase** findet man Reaktionsprodukte, die eine definierte Struktur, aber unterschiedliche Stoffmengenverhältnissen aufweisen. Die Zusammensetzung weist also eine **Phasenbreite** auf, die Elemente verbinden sich in nicht exakt konstanten Proportionen. So können die Metallatome in elementarem Kupfer bis zu einem Anteil von 32,5 % durch Zinkatome ersetzt werden, ohne dass sich der Strukturtyp ändert (jeweils kubisch dichteste Kugelpackung, auch α-Messing genannt). **Intermetallische Verbindungen** bezeichnen im Gegensatz dazu Substanzen mit einer exakt definierten stöchiometrischen Zusammensetzung, wie in den Fällen von Na_2K oder NaTl. Der Begriff **Legierung** ist der Allgemeinste. Er bezeichnet metallische Systeme, in denen sowohl unterschiedliche Phasen als auch verschiedene Phasenbreiten in einem System vorliegen können. Legierungen sind also metallische Mehrstoffsysteme.

Die Strukturen von Metallen und vielen intermetallischen Phasen lassen sich von den drei grundlegenden Strukturtypen, in denen 80 % der metallischen Elemente kristallisieren, ableiten: der **kubisch dichtesten** (= kubisch flächenzentrierten), der **hexagonal dichtesten** und der **kubisch raumzentrierten** Packung. Zu Abweichungen von diesen Grundtypen kommt es vor allem, wenn die Reaktionspartner stark unterschiedliche Atomradien bzw. größere Elektronegativitätsunterschiede aufweisen.

Die meisten der vorgestellten Synthesen (B1–B5) gehen von Metallen mit ähnlichen Elektronegativitäten aus und folgen einer zweistufigen Vorgehensweise. Zuerst werden die Metalle bei hohen Temperaturen umgesetzt. Um dabei zu verhindern, dass die Edukte mit der Luft reagieren, werden die Reaktionsmischungen mit einer **Salzschutzschmelze** überschichtet. Mindestens eines der Metalle liegt bei den gewählten Temperaturen flüssig vor und die zweite Komponente löst sich dann in dieser. So erhält man auf atomarer Ebene eine homogene Verteilung, die zum Abschluss des ersten Schritts durch schnelle Abkühlung „eingefroren" wird. Im folgenden Arbeitsschritt wird die Reaktionsmischung bei einer Temperatur **getempert**, bei der die Bildung des Produktes stattfindet. Da in den einzelnen Systemen (Cu/Zn, Sn/Sb oder Cu/Sn) unterschiedliche intermetallische Phasen auftreten können, ist es essentiell, dass für die gewünschte Phase sowohl das korrekte Stoffmengenverhältnis der Edukte als auch das Temperaturprogramm genau eingehalten werden. Diese Informationen können aus den **Phasendiagrammen** für die jeweiligen Mischungen abgelesen werden. Mit den entsprechenden binären Phasendiagrammen sollte man sich als Vorbereitung auf die Versuche daher genau vertraut machen!

In Versuch B6 wird eine intermetallische Verbindung, eine sogenannte ZINTL-Phase synthetisiert. Diese Verbindungen werden erhalten, wenn stark elektropositive Elemente (Alkali- und Erdalkalimetalle) mit mäßig elektronegativen Elementen der Gruppen 13–16 umgesetzt werden.

Allgemeine Vorbereitungsfragen:
- Erklären sie das Bänder- und Elektronengasmodell!
- Was bezeichnen die Ausdrücke (Nicht-)Metallcharakter, Phasenbreite, homogene/heterogene Legierung, feste Lösung und intermetallische Phase?
- Vergleichen Sie die Au-Ag- und Cu-Zn-Phasendiagramme hinsichtlich der darin vorkommenden Verbindungen!
- Was ist ein eutektischer Punkt?
- Wie kann man sich die Wechselwirkungen vorstellen, die die Atome in α-Messing bzw. Mg_2Si zusammenhalten?

Präparat B1 – Cu$_2$Sb *(leicht)*

Achtung! Für die Synthesen im Ofen immer einen Tiegelschuh unterstellen, da die Tiegel beim Abkühlen auf Raumtemperatur oft reißen und die Reaktionsmischung dann auslaufen kann.

Durchführung: Ein stöchiometrisches 1:2-Gemisch (genau!) mit einer Gesamtmasse von 3 g aus Antimon und Kupfer wird in einen Tiegel eingewogen und mit mindestens 1 cm einer Schutzschmelze aus Natriumchlorid (NaCl, 1 Massenanteil) und Calciumchlorid (CaCl$_2$, 2 Massenanteile) überschichtet. Im 1000 °C heißen Ofen wird der Tiegel 1 h erhitzt und anschließend schnell auf Raumtemperatur abgekühlt. Schließlich wird bei 500 °C über Nacht getempert. Die entstandene Legierung wird mit Wasser ausgekocht.

Eigenschaften: silbrig-violett, hart, mäßig duktil

Vorbereitungsfragen:
– Wie wird Kupfer technisch dargestellt? Formulieren Sie dafür die Reaktionsgleichungen und geben Sie die Oxidationsstufen aller Stoffe an!
– Nennen Sie technisch wichtige Kupferlegierungen!
– Welche Rolle spielt die Schutzschmelze bei der Synthese? Warum wird dafür ein Salzgemisch eingesetzt?
– Warum muss das Temperaturprogramm bei der Synthese genau beachtet werden? Begründen Sie Ihre Antwort mithilfe des Cu-Sb-Phasendiagramms!
– Warum wird zum Schluss der Synthese mit Wasser ausgekocht?
– Vergleichen Sie die allotropen Modifikationen der Elemente Phosphor, Arsen und Antimon!
– Kupfer hat einen ausgeprägteren Metallcharakter als Antimon. Was sind wichtige Unterschiede der physikalischen Eigenschaften (Leitfähigkeit, Duktilität...) von Kupfer und Antimon und wie sind sie zu begründen?

Präparat B2 – β-SbSn *(leicht)*

Achtung! Für die Synthesen im Ofen immer einen Tiegelschuh unterstellen, da die Tiegel beim Abkühlen auf Raumtemperatur oft reißen und die Reaktionsmischung dann auslaufen kann.

Durchführung: Ein stöchiometrisches 1:1-Gemisch mit einer Gesamtmasse von 3 g aus Antimon (Sb) und Zinn (Sn) wird in einen Tiegel eingewogen und mit 1 cm einer Schutzschmelze aus Natriumchlorid (NaCl, 1 Massenanteil) und Calciumchlorid (CaCl$_2$, 2 Massenanteile) überschichtet. Im 600 °C heißen Ofen wird der Tiegel 1 h erhitzt und dabei mehrfach umgerührt (z. B. mit einem Korundstäbchen), ohne dabei die Schutzschmelze unterzurühren. Sofern diese durch das Umrühren dennoch nicht mehr intakt ist, sollte gegebenenfalls mehr Schutzschmelze-Mischung hinzugefügt werden. Anschließend wird möglichst schnell auf Raumtemperatur abgekühlt und schließlich bei 340 °C über Nacht getempert. Die entstandene Legierung wird mit Wasser ausgekocht.

Eigenschaften: graues Pulver, hart und spröde

Vorbereitungsfragen:
- Welche Rolle spielt die Schutzschmelze bei der Synthese?
- Warum muss das Temperaturprogramm bei der Synthese genau beachtet werden? Begründen Sie Ihre Antwort mithilfe des Sb-Sn-Phasendiagramms!
- Warum wird zum Schluss der Synthese mit Wasser ausgekocht?
- Welche Modifikationen von Zinn gibt es (Strukturen/Eigenschaften)? Was ist die „Zinnpest"?
- Wie wird Zinn technisch hergestellt? Formulieren Sie dafür die Reaktionsgleichung und geben Sie die Oxidationsstufen aller Stoffe an!
- Ein Metall wie Eisen hat einen ausgeprägteren Metallcharakter als Antimon und Zinn – was sind wichtige Unterschiede zwischen diesen Metallen und wie sind sie zu begründen?

Präparat B3 – Cu_3Sn (ε-Bronze) *(leicht)*

Achtung! Für die Synthesen im Ofen immer einen Tiegelschuh unterstellen, da die Tiegel beim Abkühlen auf Raumtemperatur oft reißen und die Reaktionsmischung dann auslaufen kann.

Durchführung: Ein stöchiometrisches 1:3-Gemisch (genau!) mit einer Gesamtmasse von 3 g aus Zinn (Sn) und Kupfer (Cu) wird in einen Tiegel eingewogen und mit mindestens 1 cm einer Schutzschmelze aus Natriumchlorid (NaCl, 1 Massenanteil) und Calciumchlorid ($CaCl_2$, 2 Massenanteile) überschichtet. Im 850 °C heißen Ofen wird der Tiegel 2 h erhitzt. Anschließend wird schnell auf Raumtemperatur abgekühlt und schließlich bei 650 °C über Nacht getempert. Die entstandene Legierung wird mit Wasser ausgekocht.

Eigenschaften: grau-silbrig glänzend, spröde

Vorbereitungsfragen:
- Welche Modifikationen von Zinn gibt es (Strukturen/Eigenschaften)? Was ist die „Zinnpest"?
- Wie wird Kupfer technisch dargestellt? Formulieren Sie dafür die Reaktionsgleichung und geben Sie die Oxidationsstufen aller Stoffe an!
- Nennen Sie technisch wichtige Kupferlegierungen!
- Welche Rolle spielt die Schutzschmelze bei der Synthese?
- Warum muss das Temperaturprogramm bei der Synthese genau beachtet werden? Begründen Sie Ihre Antwort mithilfe des Cu-Sn-Phasendiagramms!
- Warum wird zum Schluss der Synthese mit Wasser ausgekocht?
- Warum ist Bronze so wichtig, dass eine ganze Periode der Menschheitsgeschichte nach ihr benannt wurde? Wann war die Bronzezeit?

Präparat B4 – Cu_2Zn (α-Messing) *(leicht)*

Achtung! Für die Synthesen im Ofen immer einen Tiegelschuh unterstellen, da die Tiegel beim Abkühlen auf Raumtemperatur oft reißen und die Reaktionsmischung dann auslaufen kann.

Durchführung: Ein stöchiometrisches 1:2-Gemisch mit einer Gesamtmasse von 3 g aus Zink und Kupfer wird in einen Tiegel eingewogen und mit mindestens 1 cm einer Kaliumchlorid-Schutzschmelze (KCl-Schutzschmelze) überschichtet. Im 1000 °C heißen Ofen wird der Tiegel 2 h lang erhitzt. Anschließend wird schnell auf Raumtemperatur abgekühlt und schließlich bei 850 °C über Nacht getempert. Die entstandene Legierung wird mit Wasser ausgekocht.

Eigenschaften: goldgelbes Produkt, duktil

Vorbereitungsfragen:
– Welche Rolle spielt die Schutzschmelze bei der Synthese?
– Warum muss das Temperaturprogramm bei der Synthese genau beachtet werden? Begründen Sie Ihre Antwort mithilfe des Cu-Zn-Phasendiagramms!
– Warum wird zum Schluss der Synthese mit Wasser ausgekocht?
– Worin unterscheidet sich Rot-, Gelb- und Weißmessing?
– Wie wird Zink technisch dargestellt? Formulieren Sie dafür die Reaktionsgleichung und geben Sie die Oxidationsstufen aller Stoffe an!
– Warum werden Nägel und Bleche aus Stahl oft verzinkt?

Präparat B5 – Cu_5Zn_8 (γ-Messing) *(leicht)*

Achtung! Für die Synthesen im Ofen immer einen Tiegelschuh unterstellen, da die Tiegel beim Abkühlen auf Raumtemperatur oft reißen und die Reaktionsmischung dann auslaufen kann.

Durchführung: Ein stöchiometrisches 8:5-Gemisch mit einer Gesamtmasse von 3 g aus Zink (Zn) und Kupfer (Cu) wird in einen Tiegel eingewogen und mit 1 cm einer Schutzschmelze aus Natriumchlorid (NaCl, 1 Massenanteil) und Calciumchlorid ($CaCl_2$, 2 Massenanteile) überschichtet. Im 1000 °C heißen Ofen wird der Tiegel 2 h erhitzt. Anschließend wird auf Raumtemperatur abgekühlt und schließlich bei 750 °C über Nacht getempert. Die entstandene Legierung wird mit Wasser ausgekocht.

Eigenschaften: silbriges Material, spröde

Vorbereitungsfragen:
– Welche Rolle spielt die Schutzschmelze bei der Synthese?
– Warum muss das Temperaturprogramm bei der Synthese genau beachtet werden? Begründen Sie Ihre Antwort mithilfe des Cu-Zn-Phasendiagramms!
– Warum wird zum Schluss der Synthese mit Wasser ausgekocht?

- Worin unterscheidet sich Rot-, Gelb- und Weißmessing?
- Wie wird Zink technisch dargestellt? Formulieren Sie dafür die Reaktionsgleichung und geben Sie die Oxidationsstufen aller Stoffe an!
- Warum werden Nägel und Bleche aus Stahl oft verzinkt?

Präparat B6 – Magnesiumsilicid, Mg_2Si (*mittel*)

Achtung! Für die Synthesen im Ofen immer einen Tiegelschuh unterstellen, da die Tiegel beim Abkühlen auf Raumtemperatur oft reißen und die Reaktionsmischung dann auslaufen kann.

Durchführung: Ein trockenes Gemisch aus 0.5 g Magnesiumpulver (Mg) und 0.25 g gefällter Kieselsäure (fein verteiltes SiO_2) wird in ein Reagenzglas gefüllt. Nun wird vorsichtig mit dem Bunsenbrenner erwärmt, bis die Reaktion zündet und sich schnell durch das gesamte Gemisch fortsetzt. Man lässt erkalten, zerschlägt dann vorsichtig das Glas und trennt Glas- und Magnesiumsilicidstückchen. *Tipp*: Pinzette verwenden! Das Präparat ist an der Luft instabil und kann nicht offen gelagert werden.

Probe auf Silicid: In ein 500-mL-Becherglas gibt man etwa 100 mL konzentrierte Salzsäure (HCl, 37 %-ig, c = 12 mol/L). Wenn kleine(!) Stücke des Produkts in die Salzsäure geworfen werden, kommt es zur spontanen Entzündung der sich bildenden Gase.

Eigenschaften: grauweißes Pulver, sehr feuchtigkeitsempfindlich

Vorbereitungsfragen:
- Stellen Sie die Reaktionsgleichung auf und bestimmen Sie die Oxidationsstufen der Edukte und Produkte!
- Ist Mg_2Si ein kovalentes, salzartiges oder metallartiges Silicid? Begründen Sie ihre Antwort!
- Welche Gase entstehen bei der Reaktion von Mg_2Si mit Salzsäure? Formulieren Sie dafür die Reaktionsgleichung!
- Wie heißen die zu den Siliciden analogen Kohlenstoff- bzw. Borverbindungen und was sind deren Eigenschaften?
- Was sind ZINTL-Phasen, was ist die ZINTL-Grenze und warum sind diese Konzepte im Zusammenhang mit Magnesiumsilicid wichtig?

C Synthesen von Festkörpern

Hintergrund
Anorganische Feststoffe werden in vielen Bereichen des täglichen Lebens eingesetzt. Diese reichen von Materialien mit magnetischen, piezoelektrischen oder elektrisch bzw. thermisch leitenden Eigenschaften über Legierungen und Hartstoffe mit speziellen mechanischen Eigenschaften bis hin zu lumineszierenden Materialien, Farbpigmenten oder heterogenen Katalysatoren, um nur einige Beispiele zu nennen. Die Eigenschaften

dieser Verbindungen korrelieren mit ihrer Struktur, also der Art und Anordnung der beteiligten Elemente, und der Art der Bindungen, die gebildet werden (metallische, ionische, kovalente oder polare Bindungen). Man verwendet daher in der Literatur oft den Begriff **Struktur-Eigenschaftsbeziehung.** Dabei sind es meist kristalline Stoffe, also Verbindungen mit einer regelmäßigen Anordnung der Bausteine im Festkörper, für die eine Korrelation makroskopischer Stoffeigenschaften mit ihrer mikroskopischen Struktur möglich ist. Im Gegensatz zu den Darstellungen molekularer Verbindungen (Kapitel G) ist es bei der Synthese von Festkörpern wesentlich schwieriger, Voraussagen über Stöchiometrie und Struktur eines Reaktionsprodukts zu machen – als Konsequenz ist eine Syntheseplanung also weit weniger gut möglich.

Obwohl es zahlreiche kristalline anorganische Verbindungen gibt (die Datenbank ICSD, die *Inorganic Crystal Structure Database* enthält aktuell mehr als 250.000 Einträge), gibt es einige Anordnungen von Ionen und Atomen (Kristallstrukturen), die besonders oft beobachtet werden. Diese sind als sogenannte **Strukturtypen** bekannt. Die kubisch dichteste Kugelpackung (Cu-Strukturtyp), die hexagonal dichteste Kugelpackung (Mg-Strukturtyp) und die kubisch innenzentrierte Kugelpackung (W-Strukturtyp) stellen die wichtigsten Strukturen dar, in denen Metalle aber z. B. auch tiefkalte Edelgase kristallisieren. Binäre Verbindungen mit der Zusammensetzung AB kristallisieren oft im NaCl-, CsCl- oder ZnS-Strukturtyp. Im Natriumchlorid-Typ kristallisieren neben NaCl beispielsweise auch MnO oder PbS. Der Spinell- und der Perowskit-Strukturtyp sind Beispiele für Strukturtypen ternärer Verbindungen mit der Zusammensetzung AB_mX_n, bei denen die Minerale Spinell ($MgAl_2O_4$) und Perowskit ($CaTiO_3$) Namensgeber sind. Oft lassen sich andere, niedersymmetrische Strukturtypen von diesen ableiten. Wichtige Parameter, über die sich Strukturtyp und Verbindungszusammensetzung korrelieren lassen, sind die Ionenradien, die Ionenladungen und vor allem die **Radienverhältnisse** der beteiligten Teilchen. Oft lassen sich ähnliche Ionen gegeneinander unter Strukturerhalt austauschen. Dadurch können z. B. kleine Mengen von Fremdatomen in einen Festkörper eingebracht werden, was als **Dotierung** bezeichnet wird. Trotz des teilweise sehr geringen Dotierstoffanteils können die Eigenschaften der Verbindung, wie z. B. Farbe oder Leitfähigkeit, durch solche Variationen stark beeinflusst werden.

Kristalline Festkörper lassen sich über eine Vielzahl von Reaktionen herstellen (vgl. auch Kapitel B, Legierungen, und Kapitel D, Kristallzüchtung), wobei aber vor allem Festkörperreaktionen, d. h. Reaktionen zwischen zwei festen Edukten, genutzt werden. Dafür werden Feststoffe miteinander vermengt und dann bei hohen Temperaturen (oft über 1000 °C) in Tiegeln oder Ampullen zur Reaktion gebracht. Solche Reaktionen sind in der präparativen Festkörperchemie extrem wichtig und werden zum Beispiel zur Darstellung hochtemperaturstabiler Oxide oder Nitride eingesetzt. Generell zu beachten ist jedoch, dass die Edukte nach dem Abkühlen in der Regel nicht ohne Weiteres von den Produkten getrennt werden können, daher ist eine genaue stöchiometrische Einwaage der Edukte erforderlich.

Im Gegensatz zu Reaktionen in Lösungen findet bei Festkörperreaktionen nur eine langsame Durchmischung der beteiligten Atome, Ionen und/oder Moleküle durch

Diffusion statt. Die Edukte müssen eine gemeinsame Kontaktfläche haben, damit es zu einer Reaktion kommen kann. Die Produktbildung erfolgt auch bei sehr hohen Temperaturen oft nur langsam. Um trotzdem Produkt zu erhalten, können Reaktionszeiten von Tagen und mehr sowie eine wiederholte Durchmischung der Reaktionspartner (Abkühlen, Verreiben, erneutes Aufheizen) nötig sein, um eine vollständige Umsetzung zu erreichen. Es handelt sich bei Festkörpersynthesen im engsten Sinne also fast immer um (zeit)aufwendige Verfahren, die für ein Grundpraktikum daher nicht besonders gut geeignet scheinen.

Es gibt aber etablierte Wege, die Diffusionsprozesse der Reaktanden bei Festkörperreaktionen zu beschleunigen. Eine einfache Methode besteht darin, von möglichst kleinen Eduktpartikeln auszugehen, diese sehr gut zu vermischen und dann durch Anwendung von Druck eine möglichst große Kontaktfläche zwischen den Teilchen zu erzeugen. Dies wird oft durch den Einsatz sogenannter Presslinge erreicht, bei denen die Edukte in einer Presse unter Drücken von einigen Megapascal zu Scheiben verdichtet werden. Als Folge werden die Diffusionswege sehr kurz und die Reaktion damit schneller.

Da es aber oft nicht einfach ist, sehr kleine Partikel von Edukten durch Zerreiben zu erzeugen, wurden weitere Methoden entwickelt, die zu einer Durchmischung der Edukte auf atomarer Ebene führen. Als Beispiel seien hier die **Coprezipitation**, die **Precursor-Methode** und Reaktionen in **Schmelzen** genannt.

Bei der Coprezipitation werden die Edukte zuerst in Lösung gebracht, wodurch eine homogene Verteilung erreicht wird. In einem zweiten Schritt wird eine Fällungsreaktion (z. B. Bildung von Hydroxiden, Carbonaten oder Oxalaten) durchgeführt. Dadurch bilden sich homogene Mischungen oder feste Lösungen der Salze, die im besten Fall die ionischen Komponenten bereits im gewünschten stöchiometrischen Verhältnis enthalten. Die Precursor-Methode geht noch einen Schritt weiter, ist aber präparativ aufwendiger. In einem ersten Schritt werden hier molekulare Verbindungsvorstufen (Precursoren) mit definierter Zusammensetzung synthetisiert, in denen wiederum die im Produkt vorhandenen Atome bereits im richtigen stöchiometrischen Verhältnis vorhanden sind. In Folgereaktionen (oft Zersetzung der Coprezipitate und Precursoren bei hoher Temperatur oder mit reaktiven Gasen) bilden sich aus den Vorstufen in beiden Methoden dann die gewünschten Festkörperprodukte. Die Präparate C1, C2, C4, C5 und C6 dieses Kapitels stellen verschiedene Beispiele für eine Reaktionsführung über Coprezipitate dar.

Bei Reaktionen in Schmelzen werden zwei verschiedene Strategien verfolgt. Im einfacheren Fall liegt eines der Edukte bei der Reaktionstemperatur geschmolzen vor und dient somit in einer gleichzeitig als Lösungsmittel und Reaktand (**reaktive Schmelze** – Beispiele hierfür sind die Versuche C7 und C8). Alternativ kann ein unreaktives Salz oder Salzgemisch als „Lösungsmittel" (man spricht von einem **Flussmittel**) zugesetzt werden, wie es in den Präparaten C3, C9 und C10 geschieht.

Der gemeinsame Vorteil aller Methoden besteht darin, die Teilchendiffusion zu erleichtern und somit schon bei niedrigeren Temperaturen ausreichende Reaktionsgeschwindigkeiten zu erreichen. Bei Coprezipitation und Precursor-Methode wird dies durch kurze Diffusionswege erreicht, bei den Reaktionen in Schmelzen durch die deutlich erhöhten Diffusionsgeschwindigkeiten in der flüssigen Phase.

Allgemeine Vorbereitungsfragen:
– Beschreiben sie die drei Grundtypen der „starken" chemischen Bindung. Welche schwachen Wechselwirkungen *zwischen* Molekülen und Ionen gibt es zusätzlich?
– Welche Tendenzen findet man im PSE zur Ausbildung kovalenter, ionischer und metallischer Bindungen?
– Erklären Sie folgende Begriffe: Kristall, Ionengitter, Gitterenergie, Strukturtyp, Koordinationszahl, Elektronengas, Mischkristall, dichteste Packung, Struktur-Eigenschaftsbeziehung, Kristallfeldtheorie, energetische Aufspaltung der d-Orbitale im Oktaeder- bzw. Tetraederfeld!
– Vergleichen Sie die Geschwindigkeit von Diffusionsvorgängen in Gasen, Flüssigkeiten und Festkörpern. Welche Schlussfolgerungen ergeben sich daraus allgemein für die Reaktionsgeschwindigkeiten in diesen verschiedenen Aggregatzuständen?

Präparat C1 – Borphosphat, BPO_4 *(leicht)*

Durchführung: Äquivalente Stoffmengen reiner Borsäure (H_3BO_3) und reiner Phosphorsäure (H_3PO_4) werden gemischt und auf 80 bis 100 °C erwärmt. Alternativ können wässrige Lösungen beider Säuren, die äquivalente Stoffmengen enthalten, zusammen auf dem Wasserbad eingedampft werden. Die so erhaltene, amorphe Substanz wird dann 2 h bei 1000 °C geglüht, wobei das Produkt in kristalliner Form entsteht.

Eigenschaften: farbloses Pulver

Vorbereitungsfragen:
– Stellen Sie eine Reaktionsgleichung für die Synthese von Borphosphat auf und bestimmen Sie die Oxidationsstufen aller Elemente für Edukte und Produkte!
– Beschreiben Sie die Struktur von Borphosphat. Zu welcher Verbindung ist BPO_4 isostrukturell?
– Was sind wichtige Eigenschaften von Borsäure (Verwendung, Wasserlöslichkeit, Säureeigenschaften, Reaktion mit Alkoholen, Verhalten bei höheren Konzentrationen und Erwärmung)? Formulieren Sie die Reaktionsgleichung für die Reaktion von Borsäure mit Wasser bzw. Methanol!
– Wie wird Phosphorsäure dargestellt? Stellen Sie eine Reaktionsgleichung dazu auf!
– Ist Bor ein Metall, Halbmetall oder Nichtmetall?
– Handelt es sich bei Borphosphat um eine kovalente oder eine ionische Verbindung?

Präparat C2 – Cobaltferrit, $CoFe_2O_4$ *(leicht)*

Achtung! Cobaltverbindungen sind potenziell karzinogen.

Durchführung: 1.0 g Cobalt(II)-acetat-Tetrahydrat ($Co(CH_3CO_2)_2 \cdot 4H_2O$) und 2.0 g Ammoniumeisen(III)-sulfat-Dodekahydrat ($NH_4Fe(SO_4)_2 \cdot 12H_2O$) werden in 20 mL Wasser gelöst. Das Cobaltacetat löst sich dabei nur langsam, es muss aber vor dem folgenden Einfüllen in den Tropftrichter vollständig gelöst sein, damit dieser nicht verstopft! Die so erhaltene Lösung wird nun unter Rühren über einen Tropftrichter in 100 mL heiße Natronlauge (NaOH, $c = 1\,\text{mol/L}$) eingetragen, die sich in einem 250-mL-Zweihalskolben befindet. Das Reaktionsgemisch wird dann ca. 1–2 h im Ölbad ($< 100\,°C$) unter Rückfluss erhitzt. Der dabei gebildete Niederschlag wird anschließend unter Verwendung eines Büchner-Trichters abgesaugt, mehrfach mit Wasser gewaschen und im Trockenschrank bei 120 °C getrocknet.

Eigenschaften: schwarz-braunes Pulver mit ferrimagnetischen Eigenschaften. Eine Probe der Verbindung wird auf ein Stück Papier gegeben. Durch das Bewegen eines Permanentmagneten unter dem Papier wird das magnetische Verhalten geprüft.

Vorbereitungsfragen:
- Stellen Sie eine Reaktionsgleichung für die Synthese von $CoFe_2O_4$ auf und bestimmen Sie die Oxidationsstufen aller Elemente für Edukte und Produkte!
- Erklären Sie, warum man zuerst eine Lösung aus einem Cobalt- und einem Eisensalz herstellt und diese erst dann in die Natronlauge tropft!
- Welche Elektronenkonfiguration weisen Cobalt und Eisen in $CoFe_2O_4$ auf?
- Wie unterscheiden sich dia- und paramagnetische Substanzen?
- Wie werden Festkörper bezüglich ihrer magnetischen Eigenschaften eingeteilt?
- In welchem Strukturtyp kristallisiert $CoFe_2O_4$?

Präparat C3 – Cobaltaluminat (Thénards Blau), $CoAl_2O_4$ *(mittel)*

Achtung! Cobaltverbindungen sind potenziell karzinogen.

Durchführung: Zu einer innigen Mischung aus Cobalt(II)-carbonat-Monohydrat ($CoCO_3 \cdot H_2O$, wahlweise kann auch $Co(CH_3COO)_2 \cdot 4\,H_2O$ verwendet werden) und Aluminiumoxid (Al_2O_3) im stöchiometrischen Verhältnis von 1:1 wird die 1.5-fache Gewichtsmenge KCl als Flussmittel gegeben, wobei die Gesamtmasse aller Komponenten 4 g nicht überschreiten sollte. Das Pulver wird in einen Porzellantiegel mit Deckel überführt und über Nacht bei 1000 °C im Ofen geglüht. Die erkaltete Schmelze wird zerkleinert und mehrmals mit Wasser ausgekocht, bis eine Probe auf Cl^--Ionen negativ ausfällt. Das Farbpigment wird anschließend im Trockenschrank bei 70 °C bis zur Gewichtskonstanz getrocknet.

Eigenschaften: intensivblau, sehr beständig gegenüber chemischen Einflüssen und hohen Temperaturen

Vorbereitungsfragen:
- Stellen Sie eine Reaktionsgleichung für die Synthese von $CoAl_2O_4$ auf und bestimmen Sie die Oxidationsstufen aller Elemente für Edukte und Produkte!
- Was ist ein Flussmittel und warum ist es für diese Synthese wichtig? Warum eignen sich Alkalimetallhalogenide besonders gut als Flussmittel (Schmelzpunkte, Reaktivität. . .)?
- In welchem Strukturtyp kristallisiert $CoAl_2O_4$? Warum ist eine Schreibweise als „$CoO \cdot Al_2O_3$" nicht korrekt?

- Nennen Sie die wichtigsten Oxidationsstufen, in denen Co und Al vorkommen (mit Beispielen und Summenformeln)!
- Wofür verwendet man $CoAl_2O_4$?
- Was ist die Ursache der intensiven Farbe von THÉNARDS Blau? Begründen Sie Ihre Antwort mithilfe der Kristallfeldtheorie!
- Welche Elektronenkonfiguration weist Co in $CoAl_2O_4$ auf?

Präparat C4 – RINMANS Grün, CoO/ZnO (*mittel*)

Achtung! Cobaltverbindungen sind potenziell karzinogen.

Durchführung: Zuerst wird eine Lösung von 2.1 g Zink(II)-chlorid-Tetrahydrat ($ZnCl_2 \cdot 4\,H_2O$) in 50 mL Wasser hergestellt. Der pH-Wert wird mit gesättigter Sodalösung auf einen Wert von pH 8–9 eingestellt. Beim Aufkochen fällt basisches Zinkcarbonat aus, das abfiltriert und mehrmals mit Wasser gewaschen wird. Der noch nasse Niederschlag wird in ein 100-mL-Becherglas überführt, mit etwas Wasser und einer Lösung von 100 mg Cobalt(II)-chlorid-Hexahydrat ($CoCl_2 \cdot 6\,H_2O$) in wenig Wasser versetzt und zu einem „Teig" vermischt. Das Becherglas wird mit einem Uhrglas abgedeckt und der Teig über Nacht im Trockenschrank getrocknet. *Achtung*: der Teig verspritzt dabei!. Der so erhaltene Feststoff wird am nächsten Tag gründlich verrieben, in einen Tiegel überführt und mit dem Bunsenbrenner für 15 min zur Rotglut erwärmt. Das so gewonnene grüne Pigment wird gründlich mit Wasser gewaschen und im Trockenschrank bei 100 °C getrocknet.

Eigenschaften: intensiv grünes Pulver

Vorbereitungsfragen:
- Stellen Sie eine Reaktionsgleichung für die Synthese von RINMANS Grün auf und bestimmen Sie die Oxidationsstufen aller Elemente für Edukte und Produkte! Werden hier typische Oxidationsstufen von Cobalt und Zink beobachtet?
- Was ist „basisches Zinkcarbonat"? Welchen Vorteil hat es, dieses Edukt am Anfang der Synthese frisch zu fällen?
- Wieso reagiert die Zinkchloridlösung sauer?
- In manchen Lehrbüchern wird RINMANS Grün als Verbindung mit Spinellstruktur formuliert – dies ist nicht korrekt. Wie lässt sich die Substanz stattdessen strukturell beschreiben?
- Woher rührt die grüne Farbe des Pigments? Begründen Sie Ihre Antwort mithilfe der Kristallfeldtheorie!
- Vergleichen Sie die Farben von RINMANS Grün mit denen der Oxide von Zn und Co in für diese Elemente typischen Oxidationsstufen.
- Welche Elektronenkonfiguration weisen Zn und Co in RINMANS Grün auf?
- Wie wird dieses Pigment in der qualitativen Analyse genutzt?

Präparat C5 – Spinell, MgAl$_2$O$_4$ *(mittel)*

Durchführung: Der Ansatz ist so zu berechnen, dass eine theoretische Ausbeute von 3 g erhalten wird. Magnesium(II)-chlorid-Hexahydrat (MgCl$_2$ · 6 H$_2$O) und Aluminium(III)-chlorid-Hexahydrat (AlCl$_3$ · 6 H$_2$O) werden im stöchiometrischen Verhältnis 1:2 in wenig Wasser gelöst und anschließend mit verdünnter Natronlauge (NaOH, c = 2 mol/L) als Hydroxide gefällt. Hierbei ist darauf zu achten, dass der pH-Wert der Lösung pH 8–9 nicht überschreitet. Die gefällten Hydroxide werden im Trockenschrank getrocknet, verrieben und in einem unglasierten Tiegel über Nacht bei 1000 °C geglüht.

Eigenschaften: farbloses Pulver

Vorbereitungsfragen:
– Stellen Sie eine Reaktionsgleichung für die Synthese von MgAl$_2$O$_4$ auf und bestimmen Sie die Oxidationsstufen aller Elemente für Edukte und Produkte! Werden hier typische Oxidationsstufen von Magnesium und Aluminium beobachtet?
– Warum ist es günstig, die Synthese von MgAl$_2$O$_4$ nicht direkt ausgehend von den Metalloxiden durchzuführen?
– Wieso ist der pH-Wert einer Aluminiumchloridlösung deutlich kleiner als der einer Magnesiumchloridlösung? Warum ist es wichtig, dass der pH-Wert bei der Fällung pH 8–9 nicht übersteigt?
– Wofür verwendet man AlCl$_3$ und MgAl$_2$O$_4$?
– Beschreiben Sie die Struktur von MgAl$_2$O$_4$ ausgehend von der dichtesten Packung der Oxidionen.

Präparat C6 – Nickelaluminat, NiAl$_2$O$_4$ *(mittel)*

Durchführung: Berechnet auf eine Ausbeute von 2 g werden Nickel(II)-chlorid-Hexahydrat (NiCl$_2$ · 6 H$_2$O) und Aluminium(III)-chlorid-Hexahydrat (AlCl$_3$ · 6 H$_2$O) eingewogen, in wenig Wasser gelöst und mit konzentrierter Ammoniaklösung (NH$_3$, 25 %-ig, c = 13 mol/L) ein Gemisch von Nickel- und Aluminium-Hydroxiden gefällt. Der entstandene Niederschlag wird abzentrifugiert, gewaschen, bis eine Probe auf Cl$^-$-Ionen negativ ausfällt und dann über Nacht im Trockenschrank getrocknet. Der so erhaltene Feststoff wird nun in einen Tiegel überführt und zweimal je 12 h bei 1000 °C geglüht. Nach dem ersten Glühen ist der Tiegelinhalt im Mörser zu verreiben.

Eigenschaften: blaues Pulver

Vorbereitungsfragen:
– Stellen Sie eine Reaktionsgleichung für die Synthese von NiAl$_2$O$_4$ auf und bestimmen Sie die Oxidationsstufen aller Elemente für Edukte und Produkte! Werden hier typische Oxidationsstufen von Nickel und Aluminium beobachtet?
– Welchen Vorteil hat es, am Anfang der Synthese die Hydroxide frisch zu fällen?

– Warum wird die Lösung zur Fällung der Hydroxide mit Ammoniak und nicht mit NaOH alkalisch gemacht?
– Warum muss die Reaktionsmischung nach 12 h nochmals verrieben werden?
– Woher rührt die grüne Farbe des Pigments? Begründen Sie Ihre Antwort mithilfe der Kristallfeldtheorie!
– Welche Elektronenkonfiguration weist Nickel im Nickelaluminat auf?

Präparat C7 – Ammonium-*trans*-diammintetra(thiocyanato-*S*)chromat(III)-Monohydrat (*Reinecke-Salz*), $NH_4[Cr(SCN)_4(NH_3)_2] \cdot H_2O$ (*mittel*)

Achtung: Chromate und Dichromate sind sehr giftig und karzinogen!

Durchführung: 25 g Ammoniumthiocyanat (NH_4SCN) werden in einer Porzellanschale geschmolzen. Anschließend werden 4 g Ammoniumdichromat (($NH_4)_2Cr_2O_7$) unter langsamem Rühren in die Schmelze eingetragen. Nach dem Erkalten wird die Schmelze pulverisiert und mit wenig kaltem Wasser (10–20 mL) einige Male ausgelaugt. Zurück bleibt ein fester Rückstand, der aus Reinecke-Salz und Morland-Salz $C(NH_2)_3[Cr(SCN)_4(NH_3)_2]$ besteht. Das Reinecke-Salz wird abgetrennt, indem der Feststoff kurz in 50 °C warmem Wasser gerührt und danach noch warm filtriert wird. Das Morland-Salz bleibt dabei als Feststoff zurück während das Produkt beim Erkalten des Filtrates ausfällt.

Eigenschaften: rubinrote glänzende Blättchen, lichtempfindlich

Vorbereitungsfragen:
– Stellen Sie die Reaktionsgleichung für die Synthese des Reinecke-Salzes auf und bestimmen Sie die Oxidationsstufen aller Elemente für Edukte und Produkte! Werden hier typische Oxidationsstufen von Chrom beobachtet?
– Morland- und Reinecke-Salz enthalten dasselbe Komplexanion. Zeichnen Sie die Strukturen der Kationen und des Anions! Welche Isomere des Komplexanions könnte es noch geben?
– Welche Elektronenkonfiguration weist Chrom in den Komplexionen auf?
– Welche Koordinationszahl und -geometrie hat der dargestellte Komplex?
– Wie heißt das Kation des Morland-Salzes? Wie könnte dieses Kation hier gebildet worden sein? Gehen Sie davon aus, dass als Zwischenprodukt Thioharnstoff in Analogie zur Wöhler-Synthese entsteht.
– Wie kann Reinecke-Salz in der analytischen Chemie eingesetzt werden?

Präparat C8 – *α*-Bornitrid, BN *(mittel)*

Durchführung: 2 g Bor(III)-oxid (B_2O_3) werden in einem Porzellantiegel geschmolzen, nach dem Erkalten fein gemahlen und anschließend mit 3 g Harnstoff ($CO(NH_2)_2$) gut gemischt. Dann wird der Porzellantiegel auf ein Porzellandreieck gestellt und mit einem Deckel zugedeckt. Mit dem Bunsenbrenner wird das Gemisch kurz zum hellen Glühen erhitzt. Die erkaltete Masse wird zuerst mit wenig verdünnter Salzsäure (HCl, c = 2 mol/L), dann mit wenig Wasser ausgewaschen. Der Rückstand ist Bornitrid, welches im Trockenschrank getrocknet wird.

Eigenschaften: weißes Pulver, Schmelzpunkt oberhalb von 2800 °C

Vorbereitungsfragen:
- Stellen Sie eine Reaktionsgleichung für die Synthese von α-Bornitrid auf und bestimmen Sie die Oxidationsstufen aller Elemente für Edukte und Produkte! Werden hier typische Oxidationsstufen von Bor und Stickstoff beobachtet?
- Wie viele und welche Modifikationen gibt es von Bornitrid? Mit welchen wichtigen Kohlenstoffverbindungen sind sie strukturell verwandt?
- Erklären Sie den Unterschied zwischen der Farbe von Bornitrid und seiner Kohlenstoff-Analoga anhand der Bindungssituation!
- Wo wird Bornitrid technisch eingesetzt?
- Für die Geschichte der Chemie war eine im Jahre 1828 durch Friedrich Wöhler entwickelte Synthese von Harnstoff wichtig – warum?

Präparat C9 – Ägyptisch Blau, CaCu[Si$_4$O$_{10}$] *(schwer)*

Durchführung: Für dieses Präparat werden zwei verschiedene Synthesewege beschritten und deren Produkte miteinander verglichen. Dafür sind vor dem Versuch die zu verwendenden Porzellantiegelschuhe zu kennzeichnen, indem mit verdünnter Eisen(III)-chloridlösung ein Kennzeichen auf dem unteren Boden angebracht und durch kurzzeitiges Glühen im Tiegelofen auf ca. 900 °C eingebrannt wird.

Route a): 0.168 g Calcium(II)-oxid (CaO), 0.191 g Kupfer(II)-oxid (CuO) und 0.732 g fein verteiltes Quarzpulver (SiO$_2$) werden in einem Mörser miteinander verrieben und zu 3–4 Tabletten gepresst. Die Presslinge werden in einen vorher gekennzeichneten unglasierten Tiegelschuh gegeben.

Route b): Die oben beschriebene Mischung wird ein zweites Mal hergestellt, jedoch diesmal mit Zusatz von 0.12 g wasserfreiem Natriumtetraborat (Na$_2$B$_4$O$_7$). Es werden wieder 3–4 Tabletten dieser Mischung gepresst und in einen zweiten unglasierten Tiegelschuh gegeben.

Beide Tiegelschuhe (Route a und b) werden nun in einem Muffelofen auf 800 °C erhitzt. Nach ca. 20 h wird der Ofen ausgeschaltet und die Presslinge zum langsamen Abkühlen im Ofen gelassen. Die Tabletten der Route b) werden in einem Mörser zerstoßen (Farbveränderung?) und in einem 100-mL-Becherglas 10 min mit halbkonzentrierter Salzsäure (HCl, c = 6 mol/L) ausgekocht. Der Feststoff wird abfiltriert, mit Wasser gewaschen und bei 110 °C im Trockenschrank getrocknet. Eine der nach a) präparierten, bei 800 °C geglühten Tabletten wird im Mörser zerstoßen. Nach Protokollierung der Farbe wird wie zuvor mit halbkonzentrierter Salzsäure ausgekocht. Die anderen Tabletten werden weitere 48 h auf 1000 °C erhitzt, dann langsam abgekühlt und wie oben angegeben aufgearbeitet.

Eigenschaften: blauer Feststoff

Vorbereitungsfragen:

- Stellen Sie eine Reaktionsgleichung für die Synthese von $CaCu[Si_4O_{10}]$ auf und bestimmen Sie die Oxidationsstufen aller Elemente für Edukte und Produkte! Werden hier typische Oxidationsstufen von Silicium und Kupfer beobachtet?
- Wozu dient der Zusatz von $Na_2B_4O_7$ bei Syntheseroute b)?
- Was sind Ketten-, Band-, Schicht- und Gerüstsilicate? Aus welchen Bausteinen bestehen sie und wie bilden sie sich?
- Informieren Sie sich über die Struktur von Ägyptisch Blau. Zu welchem Silicattyp gehört das Pigment?
- Bestimmen Sie die Elektronenkonfiguration des Kupfers in Ägyptisch Blau.
- Woher rührt die blaue Farbe des Pigments? Begründen Sie Ihre Antwort mithilfe der Kristallfeldtheorie!
- Nennen Sie weitere Beispiele für anorganische Farbpigmente. Warum mussten die Menschen im Altertum eine Synthese für blaue Farben entwickeln? Welche Vorteile haben anorganische gegenüber organischen Pigmenten?

Präparat C10 – Dotierter Bariumchlorapatit, $Ba_5(PO_4)_3Cl$:M (M = Cr, Mn) (*mittel*)

Achtung! $BaCl_2$ ist giftig beim Einatmen und Verschlucken! Pulverreste und Lösungen sind nach der Aufarbeitung sachgerecht zu entsorgen.

Durchführung: Das im Überschuss eingesetzte $BaCl_2$ wirkt als Schmelzlösungsmittel, aus dem die dotierten Bariumphosphat-Apatit-Einkristalle durch langsames Abkühlen auskristallisieren. Für die Dotierung werden verwendet:

$$\text{Mn-Dotierung:} \quad 3\,\text{mg } MnO_2$$

$$\text{Cr-Dotierung:} \quad 8\,\text{mg } Cr_2O_3$$

Pro Ansatz werden 0.80 g Bariumorthophosphat ($Ba_3(PO_4)_2$) mit 4.00 g Barium(II)-chlorid-Dihydrat ($BaCl_2 \cdot 2\,H_2O$) im Porzellanmörser vermischt, sofort in einen Porzellan- oder Korundtiegel gefüllt und durch Klopfen und Stopfen verdichtet. Dieser Ansatz wird noch zweimal wiederholt wobei dem Gemisch außerdem noch a) 3 mg Mangan(IV)-oxid (MnO_2) bzw. b) 8 mg Chrom(III)-oxid (Cr_2O_3) als Mn- bzw. Cr-Dotierstoff beigemengt werden. Die drei Tiegel werden bis zur Einbringung in den Ofen im Exsikkator aufbewahrt. Die Umsetzung erfolgt in einem Kammerofen im Abzug gemäß folgendem Temperaturprogramm: 1) Aufheizen: 150 °C/h auf 1050 °C; 2) Haltezeit: 6 h; 3) Abkühlen 1: 6 °C/h auf 850 °C und 4) Abkühlen 2: 600 °C/h auf Raumtemperatur oder Abschalten (die Heiz- und Abkühlraten können von Ofen zu Ofen variieren und müssen eventuell angepasst werden).

Die Proben werden nach der Temperaturbehandlung zurückgewogen und überschüssiges $BaCl_2$ durch Auskochen der Proben in Bechergläsern mit Lösungen von jeweils 2.3 g Ammoniumacetat ($NH_4(CH_3COO)$) in 300 mL destilliertem Wasser entfernt. Das $NH_4(CH_3COO)$ verhindert dabei die Ausfällung von $BaCO_3$. Die Produkte werden über einen BÜCHNER-Trichter abgetrennt, mit Wasser gewaschen und an der Luft getrocknet. Die Kristalle können, wenn möglich, mit dem Mikroskop untersucht werden.

Eigenschaften: bei Mn-Dotierung blauer und bei Cr-Dotierung grüner Feststoff

Vorbereitungsfragen:
- Stellen Sie eine Reaktionsgleichung für die Synthese des undotierten Produkts $Ba_5(PO_4)_3Cl$ auf, und bestimmen Sie die Oxidationsstufen aller Elemente für Edukte und Produkte! Werden hier typische Oxidationsstufen von Barium und Phosphor beobachtet?
- Was versteht man unter einer Dotierung? Mit wie viel mol-% Mangan bzw. Chrom pro Phosphor wird hier dotiert?
- Wo kommt Calciumapatit $Ca_5(PO_4)_3X$ (X = F, OH) in der Natur vor?
- Welche Rolle(n) spielt $BaCl_2$ bei dieser Synthese?
- Chrom und Mangan zeigen hier die ungewöhnliche Oxidationsstufe +V im Produkt. Welcher Elektronenkonfiguration entspricht dies, und wie kann man den Einfluss der Dotierung auf die Farbe des Produkts erklären?
- In welchen Oxidationsstufen kommen Chrom und Mangan bevorzugt vor und welche Farben weisen die entsprechenden Metalloxide auf.

D Züchtung von Kristallen

Hintergrund

Kristalline Verbindungen zeichnen sich durch die regelmäßige Anordnung ihrer Bausteine in einem Kristallgitter aus. Die kleinste Einheit der Kristallstruktur stellt dabei die Elementarzelle dar. Durch ein Aneinanderreihen vieler Zellen in alle drei Raumrichtungen erhält man den makroskopischen Kristall. Kristalle kann man oft daran erkennen, dass sie wohldefinierte Kanten und Flächen aufweisen. Die Bausteine, die sich in der **Elementarzelle** befinden, können Atome, Ionen oder Moleküle sein, die über kovalente, ionische und/oder metallische Bindungen zusammengehalten werden. Im Kristall sind aber auch wesentlich schwächere intermolekulare Kräfte wie Wasserstoffbrückenbindungen oder Dipol-Dipol-Wechselwirkungen für die Anordnung der Teilchen wichtig. Dabei werden vor allem solche Strukturen beobachtet, die zum energetisch günstigsten Zustand, d. h. dem thermodynamisch stabilsten Produkt, führen. In einigen Fällen lassen sich allerdings auch andere Anordnungen der Bausteine realisieren. Man spricht dann von Allotropie (bei Elementen) oder von Polymorphie (bei Verbindungen). Die verschiedenen **Modifikationen** weisen dann unterschiedliche chemische und physikalische Eigenschaften auf, was z. B. für die allotropen Formen des Kohlenstoffs (Graphit, Diamant, Fullerene) oder den vielen Polymorphen von Siliciumdioxid (Quarz, Tridymit, Cristobalit, Coesit, Stishovit etc.) gut bekannt ist.

Die regelmäßige Anordnung von Atomen in einem Kristall ermöglicht es, die Strukturen unbekannter kristalliner Verbindungen zu bestimmen. Dazu werden die Kristalle mittels monochromatischer Röntgenstrahlung, deren Wellenlänge im Bereich der atomaren Abstände ist, untersucht. Aus dem Beugungsmuster, welches für jede kristalline Verbindung charakteristisch ist, lässt sich dann die Kristallstruktur bestimmen.

Kristalline Verbindungen sind im Alltagsleben allgegenwärtig. Sie begegnen uns beispielsweise als kristallines Kochsalz (NaCl) oder „Kristallzucker" (Saccharose, $C_{12}H_{22}O_{11}$), aber auch in Form von Edelsteinen, Mineralien oder Metallen. Nur in seltenen Fällen liegen dabei aber große, gut ausgebildete Kristalle vor, wie man sie z. B. in Mineraliensammlungen bestaunen kann. Vielmehr werden für viele Feststoffe mikrokristalline Pulver oder stark verwachsene Kristalle beobachtet. Für viele Anwendungen und auch für die Bestimmung der Kristallstruktur neuer Verbindungen ist es aber nötig, **Einkristalle** zu synthetisieren. Dazu werden speziell entwickelte Verfahren eingesetzt. So lassen sich aus geschmolzenem Silicium mithilfe des CzoCHRALSKI-Verfahrens Einkristalle mit einem Durchmesser von 20 bis 30 cm und bis zu 2 m Höhe herstellen, die in der Halbleiterindustrie eingesetzt werden. Für die Strukturbestimmung aus Einkristallen reichen dagegen schon Kristalle mit Kantenlängen von <100 µm aus. In den letzten Jahren wird aber auch immer häufiger versucht, Nanokristalle von einheitlicher Größe (monomodale Verteilung) von Verbindungen herzustellen, da diese interessante, von der Kristallgröße abhängige Eigenschaften aufweisen können (siehe auch Kapitel I).

Wie lassen sich Kristalle herstellen? Prinzipiell können Sie aus der Gasphase, aus einer Schmelze, aus Lösung oder auch durch Fest-fest-Reaktionen erhalten werden. In den meisten Fällen werden Kristalle aber aus Lösungen gezüchtet. Dabei nutzt man die unterschiedlichen **Löslichkeiten** der zu kristallisierenden Verbindung in unterschiedlichen Lösungsmitteln und/oder bei verschiedenen Temperaturen aus. Als einfaches Beispiel sei hier die Umkristallisation eines Stoffes zur Reinigung erwähnt. Dabei wird eine heiße, gesättigte Lösung eines verunreinigten Stoffes hergestellt. Ist die Verunreinigung nicht löslich, kann sie durch Filtration abgetrennt werden. Beim Abkühlen der Lösung fallen dann oft die Kristalle der hauptsächlich in Lösung vorhandenen Verbindung rein an, während für die Verunreinigungen das Löslichkeitsprodukt nicht überschritten wird.

Was passiert bei der Kristallisation? In der heißen Lösung liegen die Moleküle oder Ionen solvatisiert vor. Beim Abkühlen der Lösung nimmt die Löslichkeit des Stoffes meist ab und es wird eine übersättigte Lösung erhalten (als OsTWALD-MIERS-Bereich bezeichnet). Ab einer bestimmten, sogenannten „kritischen" Übersättigung findet die Bildung von Kristallisationskeimen (die **Nukleation**) statt. An diese Kristallisationskeime werden beim folgenden **Kristallwachstum** weitere Moleküle oder Ionen angelagert.

Zur Züchtung von Einkristallen geht man in den im Folgenden beschriebenen Praktikumsversuchen ähnlich vor. Zuerst wird eine bei Raumtemperatur gesättigte Lösung hergestellt (Versuche D1–D3). Dazu werden die Ausgangsstoffe zunächst unter Erwärmen in Wasser gelöst und mögliche Verunreinigungen durch Filtration entfernt. Die heiße Lösung lässt man auf Raumtemperatur abkühlen und filtriert die dabei möglicherweise entstandenen Kristallite ab. In die gesättigte Lösung wird dann ein **Impfkristall** eingebracht, an dem die weitere Abscheidung der Moleküle oder Ionen stattfindet. Durch langsames Verdampfen des Lösungsmittels können so gut ausgebildete Kristalle von bis zu einigen Zentimetern Größe erhalten werden. Alternativ kann die Löslichkeit einer Substanz langsam verringert werden, indem man kontrolliert ein Fällungsmittel eindiffundieren lässt. Dies wird in Präparat D4 mit einer klassischen Überschichtungsmethode demonstriert.

Einige Verbindungen lassen sich allerdings nur sehr schwer aus Lösung kristallisieren. In manchen Fällen können dennoch Kristalle durch spezielle Kristallisationsverfahren, z. B. in Gelen, erhalten werden (Präparate D5–D8). Der Begriff **Gel** ist aus dem Alltag (vergleich Gelee und Gelatine) bekannt. Gele lassen sich aber nur sehr schwer eindeutig definieren. Im Allgemeinen handelt es sich bei Gelen um ein feindisperses System aus einer festen in einer flüssigen Phase, wobei die feste Phase ein dreidimensionales Netzwerk bildet. Die Hohlräume werden dann von der flüssigen Phase ausgefüllt. Die feste Phase kann rein organisch (z. B. Agar-Agar-Gel oder Gelatine) oder rein anorganisch (z. B. Silicagel) sein, man erhält so organische bzw. anorganische Gele. Bei Kristallisationsvorgängen kann das Netzwerk des Gels zu einer Verlangsamung der Diffusion von Ionen oder Molekülen im Lösungsmittel führen und so eine schnelle Durchmischung der Reaktanden verhindern. Man trennt also die Reaktionsmischungen räumlich durch das Gel. Alternativ kann man das Gel mit einem Reaktanden versetzen und es mit der Lösung des anderen Reaktanden überschichten. Die Lösungen diffundieren in das Gel ein und an bestimmten Stellen im Gel findet aufgrund der sich bildenden Übersättigung dann die Kristallkeimbildung statt. Da die Reaktanden nur langsam nachdiffundieren, wird keine weitere Kristallkeimbildung beobachtet, sondern die Keime können zu großen Kristallen wachsen.

Allgemeine Vorbereitungsfragen:
- Erklären Sie folgende Begriffe: Löslichkeitsprodukt, Löslichkeit, übersättigte Lösung, Solvatation, Hydratation, Lösungsenthalpie, Impfkristall, Kristallisationskeim, Nukleation, Kristall, Ionengitter, Gitterenergie, Doppelsalz!
- Beschreiben Sie allgemein die Teilschritte der Bildung eines Ionenkristalls aus wässriger Lösung mithilfe des LaMer-Modells!
- Was ist der Unterschied zwischen einer Schmelze und einer Lösung?
- Welchen Einfluss haben Temperatur, Konzentration und Polarität des Lösungsmittels auf den Kristallisationsprozess? Wie kann dies zum Züchten von Kristallen ausgenutzt werden?

Präparat D1 – Aluminiumalaun (Kaliumaluminium(III)-sulfat-Dodekahydrat), $KAl(SO_4)_2 \cdot 12\,H_2O$ *(leicht)*

Durchführung: 7.5 g Aluminium(III)-sulfat-Octadekahydrat ($Al_2(SO_4)_3 \cdot 18\,H_2O$) werden in 25 mL Wasser gelöst und mit der äquimolaren Menge einer heiß gesättigten Kaliumsulfatlösung versetzt (Löslichkeit von K_2SO_4: 24 g in 100 mL H_2O bei 100 °C). Die Lösung wird ruhig stehend abgekühlt, wobei der Alaun in Form gut ausgebildeter, oktaedrischer Kristalle auskristallisiert. Durch Einhängen von Impfkristallen lassen sich Kristalle von beträchtlicher Größe züchten.

Eigenschaften: Farblose Oktaeder, die an der Luft verwittern; durch Überziehen mit farblosem Lack kann der Verwitterungsprozess unterdrückt werden.

Vorbereitungsfragen:

– Stellen Sie die Reaktionsgleichung für die Synthese von $KAl(SO_4)_2 \cdot 12\,H_2O$ auf und bestimmen Sie die Oxidationsstufen der Edukte und Produkte!

– Was sind Alaune? Wofür wurde Aluminiumalaun früher verwendet? Was könnte beim Verwittern der Kristalle passieren?

– In der Struktur liegen die Aluminiumionen als Hexaaquakomplexe vor. Skizzieren Sie die Struktur des Komplexes und die Lewis-Formel des Anions und formulieren Sie die sich daraus ergebende Summenformel, die den Hexaaquakomplex enthält!

– Zwischen Komplexkationen und Sulfatanionen bestehen zweierlei Arten von Wechselwirkungen. Welche?

– Warum ist Aluminiumalaun farblos? Bestimmen Sie die Elektronenkonfiguration des Aluminiums!

Präparat D2 – Chromalaun (Kaliumchrom(III)-sulfat-Dodekahydrat), $KCr(SO_4)_2 \cdot 12\,H_2O$ *(mittel)*

Achtung! Chromate und Dichromate sind sehr giftig und karzinogen.

Durchführung: 5 g Kaliumdichromat ($K_2Cr_2O_7$) werden in 50 mL Wasser gelöst und mit 5.5 mL konzentrierter Schwefelsäure (H_2SO_4) versetzt. Unter Eiskühlung werden vorsichtig 6 mL Ethanol zugegeben, wobei die Temperatur nicht über 40 °C steigen darf. Beim langsamen, erschütterungsfreien Abkühlen der Lösung kristallisiert dann der dunkelrotviolette „Chromalaun" aus. Durch Einhängen von Impfkristallen lassen sich Kristalle von beträchtlicher Größe züchten.

Eigenschaften: Rotviolette Oktaeder, die an der Luft verwittern; durch Überziehen mit farblosem Lack kann der Verwitterungsprozess unterdrückt werden.

Vorbereitungsfragen:

– Stellen Sie die Reaktionsgleichung für die Synthese von $KCr(SO_4)_2 \cdot 12\,H_2O$ auf und bestimmen Sie die Oxidationsstufen der Edukte und Produkte!

– Welche Farben sind für die verschiedenen Oxidationsstufen des Chroms typisch?

– Formulieren Sie die Reaktionsgleichung für das Chromat-/Dichromat-Gleichgewicht! Welche der beiden Spezies liegt zu Beginn der Synthese hauptsächlich vor?

– Was könnte beim Verwittern der Kristalle passieren?

– In der Struktur liegen die Chromionen als Hexaaquakomplexe vor. Skizzieren Sie die Struktur des Komplexes und die Lewis-Formel des Anions und formulieren Sie die sich daraus ergebende Summenformel, die den Hexaaquakomplex enthält!

– Zwischen Komplexkationen und Sulfatanionen bestehen zweierlei Arten von Wechselwirkungen. Welche?

– Warum ist Chromalaun farbig? Begründen Sie Ihre Antwort mithilfe der Kristallfeldtheorie!

– Bestimmen Sie die Elektronenkonfiguration des Chroms im Chromalaun!

Präparat D3 – Eisenalaun (Ammoniumeisen(III)-sulfat-Dodekahydrat), $NH_4Fe(SO_4)_2 \cdot 12\,H_2O$ *(mittel)*

Achtung! Nitrose Gase sind giftig und führen zur Reizung der Atemwege, der Haut und der Augen. Daher muss der Versuch unbedingt im Abzug durchgeführt werden.

Durchführung: 5 g Eisen(II)-sulfat-Heptahydrat ($FeSO_4 \cdot 7\,H_2O$) werden in 10 mL verdünnter Schwefelsäure (H_2SO_4, $c = 1\,mol/L$) gelöst und mit 2 mL konzentrierter Salpetersäure (HNO_3, 65 %-ig, $c = 14\,mol/L$) versetzt. Die Reaktion wird im Abzug und in einem Rundkolben durchgeführt und die entstehenden braunen Gase werden durch zwei Waschflaschen geleitet. Die erste Waschflasche sollte leer sein und die zweite konzentrierte Natronlauge enthalten. Diese Lösung im Rundkolben wird einige Zeit im Abzug auf dem Wasserbad erhitzt, bis keine nitrosen Gase mehr entstehen. Falls keine Stickoxide entstehen sollten und sich das Gemisch nicht bräunlich färbt, kann mehr bzw. höher konzentrierte Schwefelsäure zugegeben werden! Zu der auf Raumtemperatur abgekühlten Lösung werden 4 mL einer gesättigten Ammoniumsulfatlösung gegeben. Beim Stehenlassen im Exsikkator über konzentrierter Schwefelsäure scheiden sich langsam rosaviolett gefärbte Kristalle ab. Einige besonders gut ausgebildete Exemplare werden als Impfkristalle ausgewählt. Vom Rest wird eine gesättigte Lösung hergestellt, indem man gerade so viel Wasser zugibt, dass nur ein geringer Bodenkörper bleibt. Die Lösung wird in ein sauberes Becherglas abdekantiert und mit einhängendem Impfkristall erneut an einem geschützten Ort zur Kristallisation gebracht.

Eigenschaften: rosaviolett gefärbte Kristalle

Vorbereitungsfragen:
- Stellen Sie die Reaktionsgleichung für die Synthese von $NH_4Fe(SO_4)_2 \cdot 12\,H_2O$ auf und bestimmen Sie die Oxidationsstufen der Edukte und Produkte!
- Welche Spezies sind für die braune Farbe der entstehenden Gase verantwortlich?
- Warum muss die Synthese unbedingt in saurer Lösung durchgeführt werden?
- In der Struktur liegen die Eisenionen als Hexaaquakomplexe vor. Skizzieren Sie die Struktur des Komplexes und die LEWIS-Formel des Anions und formulieren Sie die sich daraus ergebende Summenformel, die den Hexaaquakomplex enthält!
- Zwischen Komplexkationen und Sulfatanionen bestehen zweierlei Arten von Wechselwirkungen. Welche?
- Warum ist Eisenalaun farbig? Begründen Sie Ihre Antwort mithilfe der Kristallfeldtheorie!
- Bestimmen Sie die Elektronenkonfiguration des Eisens im Eisenalaun!

Präparat D4 – Tetramminkupfer(II)-sulfat-Monohydrat, $[Cu(NH_3)_4]SO_4 \cdot H_2O$ (*leicht*)

Durchführung: Zu 1.25 g Kupfer(II)-sulfat-Pentahydrat ($CuSO_4 \cdot 5\,H_2O$) werden unter Erwärmen ca. 1.5 mL Wasser gegeben und dann mit konzentrierter Ammoniaklösung (NH_3, 25 %-ig, $c = 13\,mol/L$) versetzt, bis sich der Niederschlag gerade wieder gelöst hat. Die Lösung wird dann in einem 10-mL-Messzylinder oder einem Reagenzglas sehr vorsichtig ca. 1 cm hoch mit einem Ethanol-H_2O-Gemisch (1:1) überschichtet. Hierzu wird das Gemisch sehr langsam in den Messzylinder pipettiert, darüber wird dann in gleicher Weise 1–2 cm Ethanol geschichtet. Das bedeckte Gefäß muss mehrere Tage ruhig stehen, wobei sich tief-dunkelblaue Kristalle bilden, die abgenutscht und erst mit Ethanol, dann mit Ether gewaschen werden. *Tipp:* Zur Züchtung größerer Kristalle kann z. B. ein Haar in die Lösung gehängt werden.

Eigenschaften: tief dunkelblaue Kristalle

Vorbereitungsfragen:
– Stellen Sie die Reaktionsgleichung für die Synthese von $[Cu(NH_3)_4]SO_4 \cdot H_2O$ auf und bestimmen Sie die Oxidationsstufen der Edukte und Produkte!
– Welche Geometrie hat der dargestellte Komplex? Welche Geometrien weisen vierfach koordinierte Cu(I)-Komplexe für gewöhnlich auf und was ist der Unterschied bei Cu(II)-Komplexen?
– Was geschieht am Anfang der Synthese, wenn sich erst ein Niederschlag bildet, der dann aber wieder in Lösung geht?
– Welche Rolle spielt das Ethanol bei der Kristallisation? Warum kann man denselben Effekt nicht mit Ether erreichen?
– Welchen Vorteil hat es für das Kristallwachstum, die wässrige Lösung mit Ethanol zu überschichten, statt beide Komponenten einfach zu mischen?
– Welcher Vorgang könnte die blaue Farbe der Verbindung erklären? Begründen Sie Ihre Antwort mithilfe der Kristallfeldtheorie unter Berücksichtigung der Komplexgeometrie!
– Bestimmen Sie die Elektronenkonfiguration des Kupfers im synthetisierten Komplex!

Präparat D5 – Kaliumperchlorat, $KClO_4$ (*mittel*)

Durchführung: In einem schlanken 50-mL-Becherglas stellt man 10 mL einer 2 %-igen Agarlösung her, wobei unter ständigem Rühren so lange erwärmt wird, bis sich das Agar vollständig gelöst hat. Die noch warme Agarlösung wird dann mit 10 mL einer warmen Natriumperchloratlösung ($NaClO_4$, $c = 1\,mol/L$) versetztmund homogenisiert. Das Gemisch lässt man langsam abkühlen, bis das Gel fest ist. Dann wird es mit 10 mL einer an der Glaswand herunterlaufenden Kaliumiodidlösung (KI, $c = 1\,mol/L$) vorsichtig so überschichtet, dass die Geloberfläche nicht verletzt wird. Das Becherglas muss nun an einem erschütterungsfreien Platz einige Tage aufbewahrt werden, bis einzelne Kristalle zu beobachten sind. Durch Auswaschen aus dem Gel mit Wasser lassen sich die Kristalle isolieren. Kristallform und -größe sind mittels Lichtmikroskop zu ermitteln.

Hinweis: Sämtliche Glasgeräte, die mit Gelen in Berührung gekommen sind, müssen sofort mit heißem Wasser ausgewaschen werden! Andernfalls werden sie unbrauchbar, da sich eine Gelhaut fest auf dem Glas absetzt.

Eigenschaften: farblose, rhombische Kristalle

Vorbereitungsfragen:
- Stellen Sie die Reaktionsgleichung für die Bildung von $KClO_4$ auf und bestimmen Sie die Oxidationsstufen der Edukte und Produkte!
- Diskutieren Sie LEWIS-Formel, Molekülgeometrie, Bindungsverhältnisse und Oxidationszahlen für das Perchlorat-Anion!
- Wie wird Natriumperchlorat technisch gewonnen?
- Was ist Agar und wie kann man sich den Aufbau eines Agar-Gels vorstellen?
- Welche Rolle spielt das Gel bei der Kristallisation?

Präparat D6 – Kupfer(II)-tartrat-Trihydrat, $Cu(C_4H_4O_6) \cdot 3\,H_2O$ (*mittel*)

Durchführung: In einem schlanken 50-mL-Becherglas stellt man 10 mL einer Natriumacetatlösung ($Na(CH_3COO)$, 5 %-ig, $c = 0.6\,mol/L$) mit 2 % Agar her, wobei unter ständigem Rühren so lange erwärmt wird, bis sich das Agar vollständig gelöst hat. Die noch warme Agarlösung wird nun mit 10 mL einer warmen Weinsäurelösung ($C_4H_6O_6$, $c = 0.5\,mol/L$) versetzt und homogenisiert. Das Gemisch lässt man langsam abkühlen, bis das Gel fest ist. Dann wird es mit 10 mL einer Kupfer(II)-sulfatlösung ($CuSO_4$, $c = 0.5\,mol/L$) vorsichtig so überschichtet, dass die Geloberfläche nicht verletzt wird. Das Becherglas muss nun an einem erschütterungsfreien Platz einige Tage aufbewahrt werden, bis einzelne Kristalle zu beobachten sind. Die Kristalle lassen sich aus dem Gel isolieren. Kristallform und -größe sind mittels Lichtmikroskop zu ermitteln.

Hinweis: Sämtliche Glasgeräte, die mit Gelen in Berührung gekommen sind, müssen sofort mit heißem Wasser ausgewaschen werden! Andernfalls werden sie unbrauchbar, da sich eine Gelhaut fest auf dem Glas absetzt.

Eigenschaften: blaue Kristalle

Vorbereitungsfragen:
- Stellen Sie die Reaktionsgleichung für die Synthese von $Cu(C_4H_4O_6) \cdot 3\,H_2O$ auf, und bestimmen Sie die Oxidationsstufen der Edukte und Produkte!
- Was ist Agar und wie kann man sich den Aufbau eines Agar-Gels vorstellen?
- Welche Rolle spielt das Gel bei der Kristallisation?
- Warum wird zur Darstellung des Agar-Gels eine 5 %-ige Natriumacetatlösung und nicht Wasser verwendet?
- Welche Isomere der Weinsäure gibt es? Zeichnen Sie LEWIS-Formeln! Was ist Weinstein?

Präparat D7 – Blei(II)-iodid, PbI$_2$ (*mittel*)

Durchführung: In einem schlanken 50-mL-Becherglas stellt man 10 mL einer Natrium-acetatlösung (Na(CH$_3$COO), 5 %-ig, c = 0.6 mol/L) mit 2 % Agar her, wobei unter ständigem Rühren so lange erwärmt wird, bis sich das Agar vollständig gelöst hat. Die noch warme Agarlösung wird nun mit 10 mL einer warmen Kaliumiodidlösung (KI, c = 0.5 mol/L) versetzt und homogenisiert. Das Gemisch lässt man langsam abkühlen, bis das Gel fest ist, dann wird es mit 10 mL einer Blei(II)-acetatlösung (Pb(CH$_3$COO)$_2$, c = 0.5 mol/L) vorsichtig so überschichtet, dass die Geloberfläche nicht verletzt wird. Das Becherglas muss nun an einem erschütterungsfreien Platz einige Tage aufbewahrt werden, bis einzelne Kristalle zu beobachten sind. Durch Auswaschen aus dem Gel lassen sich die Kristalle isolieren. Kristallform und -größe sind mittels Lichtmikroskop zu ermitteln.

Sämtliche Glasgeräte, die mit Gelen in Berührung gekommen sind, müssen sofort mit heißem Wasser ausgewaschen werden! Andernfalls werden sie unbrauchbar, da sich eine Gelhaut fest auf dem Glas absetzt.

Eigenschaften: gelbe, blättchenförmige Kristalle

Vorbereitungsfragen:
- Stellen Sie die Reaktionsgleichung für die Synthese von Blei(II)-iodid auf, und bestimmen Sie die Oxidationsstufen der Edukte und Produkte!
- Was ist Agar und wie kann man sich den Aufbau eines Agar-Gels vorstellen?
- Welche Rolle spielt das Gel bei der Kristallisation?
- Welche Reaktion findet statt, wenn man PbI$_2$ mit einem Überschuss an KI versetzt?

Präparat D8 – Calciumtartrat-Tetrahydrat, Ca(C$_4$H$_4$O$_6$) · 4 H$_2$O (*leicht*)

Durchführung: Zunächst werden zwei Lösungen hergestellt: Lösung A: 2.0 g Wein-säure (C$_4$H$_6$O$_6$) in 20 mL Wasser und Lösung B: 3.5 mL Natronwasserglas (Natrium-silicatlösung, (Na$_2$SiO$_3$, d = 1.36 g/cm^3) in 3.5 mL Wasser.

Unter starkem Rühren mit einem Magnetrührer wird nun Lösung B langsam in Lösung A getropft (und nicht umgekehrt!). Das entstandene Gemisch wird in vier Reagenzgläser gefüllt, die mit Stopfen verschlossen und vier Tage stehen gelassen werden. Anschließend wird das leicht trübe Gel ca. 5 cm hoch mit Calciumchlorid-lösung (CaCl$_2$, c = 0.5 mol/L) überschichtet. Die Gläser werden wieder verschlossen und einige Tage stehen gelassen. Die farblosen Kristalle des Produkts können mit einem Spatel aus dem Gel isoliert werden.

Eigenschaften: farblose Kristalle

Vorbereitungsfragen:
- Stellen Sie die Reaktionsgleichung für die Synthese von Ca(C$_4$H$_4$O$_6$) · 4 H$_2$O auf und bestimmen Sie die Oxidationsstufen der Edukte und Produkte!
- Wie kann man sich den Aufbau des hier eingesetzten Gels vorstellen?

– Welche Rolle spielt das Gel bei der Kristallisation?
– Welche Isomere der Weinsäure gibt es? Zeichnen Sie LEWIS-Formeln! Was ist Weinstein?

E Koordinationsverbindungen

Hintergrund

Allgemein bestehen Koordinationsverbindungen aus einem Metall-**Zentralatom** und (meist nichtmetallischen) **Liganden**, die in einer klar definierten Geometrie als „Ligandensphäre" das Metallzentrum umgeben. Zentralatom und Liganden bilden insgesamt ein molekulares Teilchen, einen Komplex, in dem die direkt an das Metall gebundenen Atome der Liganden als Donoratome bezeichnet werden.

Bei klassischen Komplexen – auch **WERNER-Komplexe** genannt – lässt sich die koordinative Bindung zwischen Metallzentrum und Donoratom als dative, kovalente 2-Elektronen-2-Zentrenbindung beschreiben, zu der das Donoratom formal zwei, das Metallzentrum keines der beiden Bindungselektronen beiträgt. Um als Donoratom infrage zu kommen, muss ein Atom/Ion nach diesem von Alfred WERNER zu Beginn des 20. Jahrhunderts entwickelten Bindungsmodell also über ein freies Elektronenpaar verfügen. Die typischen Donoratome in solchen WERNER-Komplexen sind Stickstoff, Sauerstoff, Schwefel und die Halogene, entweder als einatomige Anionen oder als Teil von Ligandmolekülen.

Eine zweite Klasse von Koordinationsverbindungen stellen **organometallische Komplexe** dar, bei denen die weniger elektronegativen Elemente Kohlenstoff, Phosphor oder Wasserstoff als Donoratome an Metallzentren gebunden sind. Organometallische Koordinationsverbindungen zeichnen sich oft durch eine starke Reaktivität mit Luft und Feuchtigkeit aus, sodass sie häufig in wasserfreien, organischen Lösungsmitteln unter Luftausschluss synthetisiert und gelagert werden müssen.

Für diesen einführenden Synthesekurs haben wir daher ausschließlich Synthesen von WERNER-Komplexen ausgewählt, um den apparativen Aufwand klein zu halten und Anfänger in der Komplexsynthese nicht zu überfordern. In anorganischen Synthesepraktika für fortgeschrittene Studierende sollten dann aber unbedingt die wichtigsten Techniken für die Darstellung und das Arbeiten mit organometallischen Verbindungen vermittelt werden, denn beide „Familien" von Koordinationsverbindungen haben in der Chemie große Wichtigkeit und breite Anwendung: so sind die aus der Maßanalyse bekannten Metall-EDTA-Komplexe, der in der Krebstherapie sehr erfolgreiche Wirkstoff cis-[PtCl$_2$(NH$_3$)$_2$] oder auch die Chlorophyll-Farbstoffe grüner Pflanzen Beispiele für WERNER-Komplexe. Umgekehrt sind organometallische Verbindungen besonders als Katalysatoren aus der modernen Chemie nicht mehr wegzudenken, wo sie z. B. zur Aktivierung von H$_2$, zur Polymerisation von Olefinen oder zur C-C-Bindungsknüpfung in der organischen Synthese weltweit täglich zum Einsatz kommen.

Zur Beschreibung der geometrischen und elektronischen Strukturen von Koordinationsverbindungen existieren gut 100 Jahre nach den ersten Arbeiten von WERNER und anderen auf diesem Gebiet etablierte theoretische Grundlagen, die im Rahmen dieses Buches nicht wiederholt werden sollen. Für die Synthese von Komplexen resultieren aus diesen Grundlagen aber einige generelle Synthesestrategien, die sich natürlich auch in den Vorschriften zu den vorgestellten Präparaten wiederfinden:

Meist ist die **Austauschgeschwindigkeit der Liganden** in tieferen Oxidationsstufen desselben Metalls deutlich schneller als in höheren. Daher geht die Synthese oft von Verbindungen aus, in denen das Metall eine tiefe Oxidationsstufe aufweist, sodass sich neue Liganden leicht einführen lassen. Im weiteren Verlauf der Reaktion wird dann oxidiert, um so die gewünschte, neue Ligandensphäre zu „fixieren" (so der Fall bei Präparat E2, aber auch F1 und F5). Alternativ muss eine hochoxidierte Metallvorstufe zuerst reduziert werden, um neue Liganden überhaupt einführen zu können (E5 und E9).

Die Austauschgeschwindigkeit von Wasserspezies ist stark vom pH-Wert abhängig. Der neutrale Aqua-Ligand (H_2O) ist oft wesentlich labiler als seine deprotonierten, anionischen Formen OH^- und O^{2-}, sodass die Substitution von koordiniertem Wasser häufig in saurer Lösung geschieht (E3, E5, E8 und E9).

Die Komplexbildung ist ein Gleichgewichtsprozess zwischen oft vielen verschiedenen Metall-Ligand-Spezies. Gibt es darunter einen klaren „Favoriten" mit einer besonders großen **Komplexbildungskonstante**, so kann stöchiometrisch gearbeitet werden. Oft muss jedoch ein nicht stark bindender Ligand in großem Überschuss angeboten werden, um die Gleichgewichtskonzentrationen zum gewünschten Komplex hin zu verschieben (E2, E3, E7 und E8).

Koordinationsverbindungen mit **Chelatliganden**, bei denen mehrere Donoratomen desselben Liganden an ein Metallzentrum binden, sind oft sehr stabil und daher in der Synthese sehr beliebt. So stellen zum Beispiel die Synthesen der Verbindungen E5 und E9 schöne Beispiele dar, wie der Einsatz von Chelatliganden es erlaubt, aus einem zu Beginn der Synthese sehr undefinierten Gemisch metallhaltiger Spezies selektiv nur die Verbindungen zu isolieren, die die stark bindenden Chelatliganden tragen.

Und schließlich: Bei vielen Werner-Komplexen handelt es sich um hydrophile, oft stark geladene, Verbindungen. Viele Synthesen finden daher in wässriger Lösung statt, dies verhindert aber meist die in der organischen Chemie so überaus vielseitig einsetzbare **Reinigung** von Syntheseprodukten mit chromatographischen Methoden. Stattdessen werden für Werner-Komplex-Synthesen häufig allein die besonderen Löslichkeitseigenschaften zur Reinigung genutzt. Das reine Produkt wird also z. B. nach Zugabe eines großen Überschusses an Gegenionen aus konzentrierter Lösung gefällt (E2 und E3), durch Extraktion erhalten (E4 und E7) oder fällt als hydrophile Verbindung nach der Zugabe organischer Lösungsmittel zur wässrigen Reaktionsmischung aus (E5, E6 und E8).

Allgemeine Vorbereitungsfragen:
- Wie können ganz allgemein die Bindungsverhältnisse für einen Werner-Komplex beschrieben werden? Warum ist dieses Modell mit der Säuredefinition nach Lewis verwandt?
- Wofür stehen die Bezeichnungen μ, η und κ in den Summenformeln von Komplexen?

- Erklären Sie folgende Begriffe: Koordinationszahl, Ligand, Zähnigkeit, Haptizität, verbrückende Liganden, ambidente Liganden, Komplexgeometrie, Isomerie in Komplexverbindungen, Komplexbildungskonstante, labiler/inerter Komplex, thermodynamische/kinetische Stabilität, Chelateffekt, Ligandenfeldtheorie, d. h. die energetische Aufspaltung der d-Orbitale im Oktaeder- bzw. Tetraederfeld, High-spin-/Low-spin-Konfiguration, Ligandenfeldstabilisierungsenergie (LFSE), spektrochemische Reihe, Chelat-Effekt!
- Erklären Sie Konsequenzen des HSAB-Konzepts für die Koordinationschemie!
- Welche elektronische Übergänge können die Farbigkeit von Koordinationsverbindungen hervorrufen? Gehen Sie auf die Begriffe Charge-Transfer (CT)- und d-d-Übergänge ein!

Präparat E1 – Kaliumtetra(cyanato-*N*)cobaltat(II), $K_2[Co(NCO)_4]$ *(leicht)*

Durchführung: 3.5 g Cobalt(II)-acetat-Tetrahydrat ($Co(CH_3COO)_2 \cdot 4H_2O$) und 6.4 g Kaliumcyanat (KOCN) werden jeweils in 25 mL Wasser gelöst und vereint. Es entsteht eine blaue Lösung, aus der über Nacht im Kühlschrank das Produkt ausfällt. Es wird abfiltriert und im Exsikkator im Vakuum getrocknet.

Eigenschaften: große, dunkelblaue Kristalle

Vorbereitungsfragen:
- Stellen Sie die Reaktionsgleichung für die Synthese von $K_2[Co(NCO)_4]$ auf und bestimmen Sie die Oxidationsstufen der Edukte und Produkte!
- Welche Koordinationszahl und -geometrie hat der dargestellte Komplex?
- Wie kann der OCN⁻-Ligand an ein Metallzentrum koordinieren? Um was für einen Typ Isomerie handelt es sich, wenn ein Ligand mit verschiedenen Donoratomen koordinieren kann?
- Welche Vorsichtsmaßnahmen sind beim Umgang mit KOCN zu treffen? Was sind Fulminate?
- Ist der hier synthetisierte Komplex para- oder diamagnetisch? Warum?

Präparat E2 – Tetraammin(carbonato-$\kappa^2 O,O'$)cobalt(III)-nitrat-Hemihydrat, $[Co(\kappa^2\text{-}CO_3)(NH_3)_4]NO_3 \cdot 0.5\,H_2O$ *(mittel)*

Achtung! Cobaltverbindungen sind potenziell karzinogen.

Durchführung: 5 g Ammoniumcarbonat ($(NH_4)_2CO_3$) werden in 15 mL Wasser und 15 mL konzentrierter Ammoniaklösung (NH_3, 25 %-ig, c = 13 mol/L) gelöst. Dieses Gemisch wird unter Rühren zu einer Lösung von 3.75 g Cobalt(II)-nitrat-Hexahydrat ($Co(NO_3)_2 \cdot 6H_2O$) in 8 mL Wasser gegeben. Nun wird so lange Wasserstoffperoxidlösung (H_2O_2, 30 %-ig, c = 10 mol/L) zugetropft, bis die Farbe von blutrot nach tiefviolett umschlägt. Die Lösung wird auf dem Wasserbad auf die Hälfte eingeengt, wobei während des Abdampfvorganges von Zeit zu Zeit weiteres Ammoniumcarbonat zugegeben wird, insgesamt 1.25 g. Die Lösung wird dann heiß filtriert und das Filtrat anschließend im Eisbad so lange gekühlt, bis das Produkt auskristallisiert ist. Die entstandenen roten Kristalle werden abgesaugt, mit wenig eiskaltem Wasser und eiskaltem Ethanol gewaschen und im Exsikkator im Vakuum getrocknet.

Eigenschaften: purpurrote Kristalle

Vorbereitungsfragen:
- Stellen Sie die Reaktionsgleichung für die Synthese von $[Co(\kappa^2\text{-}CO_3)(NH_3)_4]NO_3 \cdot 0.5\,H_2O$ auf und bestimmen Sie die Oxidationsstufen der Edukte und Produkte!
- Auf welche Arten kann der Carbonat-Ligand an ein Metallzentrum binden?
- Vor der Zugabe von Wasserstoffperoxid liegt in der Lösung ein Gemisch aus verschiedenen Komplexen vor – formulieren Sie Summenformeln für drei mögliche Zwischenprodukte!
- Welche Koordinationszahl und -geometrie hat der dargestellte Komplex?
- Warum ist es vorteilhaft, von einem Cobalt(II)-Salz auszugehen, obwohl man doch einen Cobalt(III)-Komplex synthetisieren möchte?
- Der Carbonat-Ligand wird in saurer Lösung leicht von zwei Molekülen Wasser verdrängt. Formulieren Sie die Gleichung für diese Substitutionsreaktion! Welche Isomere könnten sich dabei bilden?
- Ist der hier synthetisierte Komplex para- oder diamagnetisch? Warum?

Präparat E3 – Ammoniumhexachloridoplumbat(IV), $(NH_4)_2[PbCl_6]$ *(mittel)*

Achtung! PbO_2 ist teratogen und gilt als karzinogen.

Durchführung: In einem 100-mL-Rundkolben werden 40 mL konzentrierte, möglichst frische Salzsäure (HCl, 37 %-ig, $c = 12\,mol/L$) mit einem Eisbad auf circa 0 °C gekühlt und dann 1.75 g Blei(IV)-oxid (PbO_2) in kleinen Portionen langsam zugegeben. Nach jeder Zugabe muss so lange gewartet werden, bis sich das PbO_2 vollständig aufgelöst hat und die Lösung wieder klar ist. Wenn alles PbO_2 gelöst ist, wird langsam und unter Rühren eine eisgekühlte Lösung von 0.8 g Ammoniumchlorid (NH_4Cl) in 8 mL Wasser zugegeben, wobei sich sofort ein gelber Niederschlag bildet. Die entstandene Suspension wird ca. 1 h bei 0 °C stehengelassen, bevor das Produkt durch eine Glasfritte abgesaugt und dann mit eisgekühltem Ethanol und nachfolgend mit eisgekühltem Ether gewaschen und getrocknet werden kann.

Eigenschaften: zitronengelbes, feinkristallines Pulver

Vorbereitungsfragen:
- Stellen Sie die Reaktionsgleichung für die Synthese von $(NH_4)_2[PbCl_6]$ auf und bestimmen Sie die Oxidationsstufen der Edukte und Produkte!
- Welche Koordinationszahl und -geometrie hat der dargestellte Komplex?
- Welches molare Verhältnis Pb:Cl wird hier eingesetzt? Was deutet dies für die Größe der Bruttostabilitätskonstante des Hexachloridoplumbats an?
- Ist der Komplex para- oder diamagnetisch?
- Welcher Vorgang könnte die gelbe Farbe der Verbindung erklären?
- Warum ist für Blei neben +IV auch die Oxidationsstufe +II sehr stabil, für das leichtere Homolog Silicium aber nicht?
- Warum ist es hier besonders wichtig, auf die Reaktionstemperatur zu achten?

Präparat E4 – Kaliumhexa(thiocyanato-*N*)chromat(III)-Tetrahydrat, $K_3[Cr(SCN)_6] \cdot 4\,H_2O$ *(mittel)*

Achtung! Chromate sind karzinogen!

Durchführung: 3 g Kaliumthiocyanat (KSCN) und 2.5 g Kaliumchrom(III)-sulfat-Dode-kahydrat ($KCr(SO_4)_2 \cdot 12\,H_2O$, „Chromalaun", vgl. Präparat D2) werden in 20 mL Wasser gelöst und die Lösung dann 2 h lang bei 100 °C unter Rückfluss erhitzt. Anschließend wird die Lösung in einer Porzellanschale fast völlig eindampft. Nach dem Erkalten wird die rote Kristallmasse zerkleinert und mit Ethanol extrahiert (dreimal mit je 5 mL). Die filtrierten Extrakte werden vereinigt und auf dem Wasserbad erneut eingedampft. Der Rückstand wird in wenig heißem Ethanol gelöst und anschließend filtriert. Die Lösung wird noch etwas eingeengt und über Nacht zur Kristallisation stehen gelassen. Die Kristalle werden abgesaugt und an der Luft getrocknet.

Eigenschaften: rotviolette Kristalle

Vorbereitungsfragen:
- Stellen Sie die Reaktionsgleichung für die Synthese von $K_3[Cr(SCN)_6] \cdot 4\,H_2O$ auf und bestimmen Sie die Oxidationsstufen der Edukte und Produkte!
- Welche Farben sind für wässrige Lösungen von Chrom in seinen häufigsten Oxidationsstufen typisch?
- Welche Koordinationszahl und -geometrie hat der dargestellte Komplex?
- Ist der hier synthetisierte Komplex para- oder diamagnetisch? Warum?
- Welcher elektronische Übergang könnte die rotviolette Farbe der Verbindung erklären?
- Welche Geometrie hat das Thiocyanat-Anion? Wie bindet es an das Metallzentrum?
- Thiocyanat ist ein Pseudohalogenid – was bedeutet das?
- Warum wird dreimal mit jeweils 5 mL Ethanol extrahiert und nicht einmal mit 15 mL?

Präparat E5 – Kaliumtrisoxalatomanganat(III)-Trihydrat, $K_3[Mn(C_2O_4)_3] \cdot 3\,H_2O$ *(schwer)*

Durchführung: In einer Reibschale werden 1.9 g Kaliumpermanganat ($KMnO_4$) mit 1.0 g Eis und 5 mL Wasser vermischt und dann sorgfältig mit einem Gemisch aus 6.3 g Oxalsäure ($C_2H_2O_4$) und 2.5 g Kaliumoxalat ($K_2C_2O_4$) verrieben. Dabei muss die Schale mit einer Eis-Kochsalz-Mischung gekühlt werden. Nach wenigen Minuten setzt die CO_2-Entwicklung ein. Falls nicht, kann das Gemisch kurz aus der Kühlmischung genommen werden. Nach einiger Zeit fallen bräunliche Manganoxide aus, bald beobachtet man aber eine sich vertiefende kirschrote Färbung, wobei die Oxide wieder in Lösung gehen. *Achtung*: die Temperatur darf dabei während der gesamten Reaktion nicht über 0 °C steigen! Dann wird die kalte Lösung durch einen gekühlten Filter filtriert und das kalte Filtrat mit gekühltem Ethanol versetzt. Der ausgefallene Feststoff wird abfiltriert und in einem lichtgeschützten Exsikkator über Phosphorpentoxid getrocknet.

Eigenschaften: violette Kristalle, luft- und lichtempfindlich

Vorbereitungsfragen:
– Stellen Sie die Reaktionsgleichung für die Synthese von $K_3[Mn(C_2O_4)_3] \cdot 3\,H_2O$ auf und bestimmen Sie die Oxidationsstufen der Edukte, Zwischenprodukte und Produkte!
– Welche Oxidationsstufen des Mangans kommen häufig in Koordinationsverbindungen vor?
– Zeichnen Sie die Struktur des Komplexanions. Welche Isomere kann es geben?
– Welche Zersetzungsreaktion könnte an der Luft stattfinden? *Tipp*: Es findet eine Redoxreaktion statt.
– Ist der hier synthetisierte Komplex para- oder diamagnetisch? Warum?

Präparat E6 – Natriumpentacyanidonitroferrat(II)-Dihydrat (Natrium-Nitroprussid), $Na_2[Fe(CN)_5(NO)] \cdot 2\,H_2O$ *(schwer)*

Achtung! Nitrose Gase sind giftig und führen zu Reizung der Atemwege, Haut und Augen. Daher der Versuch unbedingt im Abzug durchgeführt werden.

Durchführung: 12.8 g Kaliumhexacyanidoferrat(II) ($K_4[Fe(CN)_6]$, „gelbes Blutlaugensalz") werden in einem 250-mL-Zweihalskolben in 20 mL Wasser gelöst und unter Umrühren mit 20 mL konzentrierter Salpetersäure (HNO_3, 65 %-ig, $c = 14\,mol/L$) versetzt, wobei nitrose Gase entstehen. Das Gemisch wird nun auf dem Ölbad unter Rückfluss solange zum Sieden erhitzt bis das Ende der Umsetzung mithilfe der Berliner-Blau-Probe festgestellt werden konnte (ca 1 h bei 100 °C): Wenn mit einer Fe^{2+}-Lösung kein Berliner Blau mehr entsteht, sondern ein grüner Niederschlag, ist die Reaktion beendet. Dann wird das Gemisch vom Ölbad genommen und 1–2 Tage stehengelassen. Mit festem Natriumcarbonat (Na_2CO_3) wird nun genau neutralisiert (pH-Wert bestimmen!), erneut zum Sieden erhitzt, filtriert und auf 25 mL eingedampft. Der pH-Wert der erkalteten Lösung muss erneut bestimmt werden, sie muss weiterhin neutral sein. Bei Zugabe eines gleichen Volumens an Ethanol zur erkalteten Lösung fällt zuerst Kaliumnitrat aus. Dieses wird abfiltriert und die Lösung in einer Kristallisierschale im Abzug stehen gelassen, bis Kristalle ausfallen. Diese werden mit wenig kaltem Wasser gewaschen und zwischen Filterpapieren getrocknet.

Eigenschaften: rubinrote Kristalle

Vorbereitungsfragen:
- Stellen Sie die Reaktionsgleichung für die Synthese von $Na_2[Fe(CN)_5(NO)] \cdot 2\,H_2O$ auf und bestimmen Sie die Oxidationsstufen der Edukte und Produkte!
- Zeichnen Sie die Struktur des Komplexanions. Kann es hier Isomere geben?
- Der Nitrosylligand wird für diese Verbindung oft als NO^+-Kation beschrieben. Zeichnen Sie ein Molekülorbitalschema für NO^+ und bestimmen Sie die N-O-Bindungsordnung!
- Wie könnte der NO^+-Ligand in der Synthese gebildet werden? *Tipp*: Es findet eine Redoxreaktion statt.
- Ist der Komplex para- oder diamagnetisch? Warum?
- Was bedeutet die Aussage, die Liganden CN^- und NO^+ seien „isoelektronisch"? Welche weiteren wichtigen Liganden sind isoelektronisch zu CN^- und NO^+?
- Theoretisch könnten Cyanid und Nitrosyl auf verschiedene Weise als terminale Liganden koordinieren, es wird aber jeweils nur eine beobachtet. Warum?
- Was ist „Berliner Blau" und warum kann es hier zum Nachweis des Reaktionsfortschritts verwendet werden?

Präparat E7 – trans-Di(cyanato-*N*)tetrapyridinnickel(II), [Ni(NCO)₂(py)₄] *(mittel)*

Durchführung: 4.8 g Nickel(II)-chlorid-Hexahydrat ($NiCl_2 \cdot 6\,H_2O$) und 3.2 g Kaliumcyanat (KOCN) werden in 200 mL Wasser gelöst. Nach Zugabe von 13 mL Pyridin (*Abzug!*) wird 30 min bei Raumtemperatur gerührt. Nun wird das Gemisch dreimal mit 50 mL Dichlormethan extrahiert. Das Extrakt wird dann mit dem Rotationsverdampfer auf ca. die Hälfte eingeengt. Beim Abkühlen fallen Kristalle aus, die abfiltriert, mit kaltem Dichlormethan gewaschen und im Vakuumexsikkator getrocknet werden.

Hinweis: Möglicherweise muss die Dichlormethanphase mehrfach weiter eingedampft werden.

Eigenschaften: große, dunkelblaue, quadratische, stoßempfindliche Kristalle

Vorbereitungsfragen:
- Stellen Sie die Reaktionsgleichung für die Synthese von [Ni(NCO)₂(py)₄] auf und bestimmen Sie die Oxidationsstufen der Edukte und Produkte!
- Welche Koordinationszahl und -geometrie hat der hier dargestellte Komplex? Welche andere Koordinationsgeometrie ist typisch für Nickel(II)?
- Ist der hier synthetisierte Komplex para- oder diamagnetisch? Warum?
- Zur Formel [Ni(NCO)₂(py)₄] wäre eine größere Anzahl möglicher Stereoisomere denkbar – welche Möglichkeiten gibt es? Zeichnen Sie die Struktur des isolierten Isomers!
- Welche Trennung gelingt durch die Extraktion mit Dichlormethan? Warum wird dreimal mit 50 mL Dichlormethan extrahiert und nicht einmal mit 150 mL?

Präparat E8 – Kalium-η^2-peroxidodisulfatotitanat(IV)-Trihydrat, $K_2[Ti(\eta^2\text{-}O_2)(SO_4)_2] \cdot 3\,H_2O$ *(schwer)*

Achtung! Mischungen von Aceton und Wasserstoffperoxid können zur Bildung von Acetonperoxid, einem hochexplosiven Stoff, führen. Deswegen darf das Lösungsgemisch niemals bis zur Trockenheit eingedampft werden.

Durchführung: 15 mL einer schwefelsauren Titan(IV)-oxidsulfatlösung (TiO(SO$_4$), 15 % Ti) werden auf 10 °C abgekühlt. 4.3 g Kaliumsulfat (K$_2$SO$_4$) werden in einem 100-mL-Rundkolben in ca. 50 mL Wasser gelöst, 7.5 mL Wasserstoffperoxidlösung (H$_2$O$_2$, 30 %-ig, c = 10 mol/L) zugegeben und auf 0 °C gekühlt. In diese Lösung wird nun durch einen Tropftrichter unter ständigem starkem Rühren die kalte Titan(IV)-oxidsulfatlösung gegeben. Nach 30 min in der Kälte (Eisbad) werden etwa 500 mL eiskaltes Aceton zugegeben, das zuvor mit 3 mL 30 %-iger Wasserstoffperoxidlösung-Lösung vorbehandelt wurde. Der so ausgefällte Niederschlag wird abgenutscht und mit eiskaltem absolutem Ether so lange gewaschen, bis das Filtrat Permanganat nicht mehr entfärbt. Nach Trocknen über Kieselgur im Exsikkator wird das Produkt erhalten.

Eigenschaften: gelbrotes Pulver

Vorbereitungsfragen:
- Stellen Sie die Reaktionsgleichung für die Synthese von K$_2$[Ti(η^2-O$_2$)(SO$_4$)$_2$] · 3 H$_2$O auf und bestimmen Sie die Oxidationsstufen der Edukte und Produkte!
- Ist der hier synthetisierte Komplex para- oder diamagnetisch? Warum?
- Warum bindet Titan(IV) Liganden mit Sauerstoffdonoratomen besonders gut?
- Welche Koordinationsmöglichkeiten gibt es für Peroxido- und Sulfato-Liganden? Welche Koordinationsmodi liegen hier vor?
- Warum wird das Aceton für die Synthese mit H$_2$O$_2$ vorbehandelt?
- Welche Reaktion findet anfangs zwischen Permanganat und dem Ether-Filtrat statt? Stellen Sie die Reaktionsgleichung auf! *Tipp*: Welche Substanz sollte man nicht mehr im Filtrat finden?

Präparat E9 – Bisacetylacetonatooxidovanadium(IV) (Vanadylacetylacetonat), [VO(acac)$_2$], *(schwer)*

Durchführung: 2.5 g Vanadium(V)-oxid (V$_2$O$_5$) werden in einem 100-mL-Rundkolben in 6 mL Wasser suspendiert und mit 4.5 mL konzentrierter Schwefelsäure (H$_2$SO$_4$) versetzt. Anschließend werden 12.5 mL Ethanol zugegeben. Die Mischung wird unter Rückfluss bis zum Kochen erhitzt. Mit fortlaufender Reaktion verfärbt sich die Suspension dunkler, wird leicht grün und schließlich dunkelblau, was nach ca. 30 min der Fall sein sollte. Nun werden 10 mL Wasser hinzugegeben und filtriert. Das Filtrat wird in einem 300-mL-Erlenmeyerkolben aufgefangen, 6.5 mL Acetylaceton hinzugegeben und für 10 min gerührt. Die Lösung wird dann langsam und unter Rühren mit einer Lösung von 10 g Natriumcarbonat (Na$_2$CO$_3$) in 60 mL Wasser neutralisiert.

Der ausgefallene Feststoff wird mit einem Büchner-Trichter abfiltriert und an der Luft getrocknet.

Eigenschaften: blau-grünes Pulver

Vorbereitungsfragen:
- Stellen Sie die Reaktionsgleichungen der beiden Reaktionsschritte auf und bestimmen Sie die Oxidationsstufen der Edukte und Produkte!
- Welche Koordinationszahl und -geometrie hat der dargestellte Komplex?
- Welche Rolle spielt Ethanol bei der Synthese?
- Welche Elektronenkonfiguration hat das Metallzentrum? Ist der Komplex para- oder diamagnetisch? Warum?
- Warum bindet Vanadium(IV) Liganden mit Sauerstoffdonoratomen besonders gut?
- In welchem technischen Prozess spielt V_2O_5 eine wichtige Rolle?

F Reaktionen mit Gasen

Hintergrund

Der Anteil gasförmiger Elemente und Verbindungen an der Vielfalt chemischer Substanzen ist sehr klein und beschränkt sich mit wenigen Ausnahmen bei Normalbedingungen auf Elemente und Verbindungen der Nichtmetalle. Trotzdem spielen Reaktionen mit Gasen eine wichtige Rolle sowohl in chemischen Laboratorien als auch in der großtechnischen Anwendung. So werden die reaktionsträgen Gase Stickstoff und Argon häufig als Schutzgase verwendet, wenn es gilt, insbesondere Feuchtigkeit und Luftsauerstoff von reaktiven Substanzen fernzuhalten. In vielen Umsetzungen werden Gase aber auch als Reaktanden eingesetzt, so zum Beispiel um Verbindungen mit Wasserstoff zu reduzieren, mit Sauerstoff zu oxidieren oder in Form von Ammoniak eine Base anzubieten. Viele der dabei verwendeten Gase sind sehr günstig und da sich der gasförmige Aggregatzustand außerdem sehr gut dazu eignet, eine Substanz kontinuierlich einem Prozess zuzuführen, ist es nicht verwunderlich, dass man sowohl in Laboratorien als auch in industriellen Anlagen häufig Gasbehälter und Rohrleitungen findet, um Gase für chemische Reaktionen bereitzustellen.

Dabei unterscheidet sich das synthetische Arbeiten mit gasförmigen Komponenten aber oft grundlegend von Synthesen mit Flüssigkeiten oder Feststoffen und verdient so unserer Meinung nach ein eigenes Kapitel in diesem Buch. Wichtige Punkte, die es beim Einsatz von Gasen in der Synthese zu beachten gilt, sind:

Die **Teilchendichte** in einem Gas ist im Vergleich zur kondensierten Phase klein. Daher muss einer Reaktion oft ein Volumen an Gas zugeführt werden, das wesentlich größer ist als das Volumen des Reaktors selbst. Es ist dabei außerdem viel schwieriger, eine stöchiometrisch genau passende Menge Gas zuzugeben als im Fall von Flüssigkeiten oder Feststoffen – Reaktionsgase werden daher relativ zu ihren Reaktionspartnern in Lösung oder im Festkörper meist im Überschuss eingesetzt.

Aus der Umsetzung von Gasen in Reaktionen resultieren oft erhebliche **Druckveränderungen**. Bei der Arbeit mit gasförmigen Substanzen ist daher immer erhöhte Vorsicht geboten, damit es nicht zu Explosionen kommt. Zwischen Reaktionsgefäß und Umgebung sind generell Puffergefäße („Gaswaschflaschen") zu schalten! Außerdem sollte für die Arbeit mit Gasen keine geschlossene Apparatur verwendet werden!

Da schon kleine Stoffmengen Gas bei Normaldruck große Volumina einnehmen, werden Reaktionsgase entweder in **Druckgasflaschen** bereitgestellt oder in **Gasentwicklungsapparaturen** für eine Reaktion direkt erzeugt. Danach werden sie über Schlauch- oder Rohrsysteme der Synthese zugeführt. Ein wichtiges Ziel dieses Kapitels ist es, die speziellen Arbeitstechniken zu erlernen und zu üben, die beherrscht werden müssen, um solche Apparaturen sicher einzusetzen.

Und schließlich ist zu beachten, dass bei Reaktionen von Gasen mit Substanzen in Lösung (wie sie Thema dieses Kapitels sind) zuerst das Lösen des Gases in der flüssigen Phase stattfinden muss. Dies ist ein Gleichgewichtsprozess, der in vielen Fällen gut durch das **Henry-Gesetz** beschrieben wird, nach dem die Konzentration eines gelösten Gases proportional zum Partialdruck des Gases über der Lösung ist. Ein Blick in die Tabellen zeigt, dass die erreichten Konzentrationen gelöster Gase bei Normaldruck oft klein sind – so enthält zum Beispiel luftgesättigtes Wasser nur ca. 250 µmol O_2 pro Liter. Außerdem ist die Geschwindigkeit, mit der sich das Henry-Gleichgewicht einstellt, oft klein und außerdem stark von der Größe der Grenzfläche Gas/Flüssigkeit abhängig. Man wird aus diesen Gründen feststellen, dass einige der Synthesen in heterogenen Systemen flüssig/gasförmig, die in diesem Kapitel vorgestellt werden, trotz der großen Beweglichkeit der Gasmoleküle in der Gasphase längere Reaktionszeiten benötigen.

Allgemeine Vorbereitungsfragen:
- Nennen Sie fünf wichtige Gase, die in chemischen Reaktionen eingesetzt werden! Wie werden diese technisch gewonnen, wie werden sie im Labor bereitgestellt?
- Nennen Sie drei wichtige großtechnische Prozesse, bei denen gasförmige Komponenten zum Einsatz kommen!
- Welcher Druck baut sich ungefähr in einem verschlossenen 1-L-Kolben auf, wenn man darin 10 g Trockeneis (CO_2) auf Raumtemperatur erwärmt? *Hinweis*: Man behandle CO_2 in erster Näherung als ideales Gas!
- Erklären Sie folgende Begriffe: ideales/reales Gas, Henry-Gesetz, Adsorption, Absorption, Schutzgas, Kippscher Apparat, Gasentwickler, Gaswaschflasche!
- Vergleichen Sie die Dichte der Gase H_2, O_2, N_2, Ar, CO_2! Was für Konsequenzen haben die Dichteunterschiede für den Einsatz dieser Gase in der Synthese?
- Welchen Einfluss hat die Temperatur allgemein auf die Löslichkeit von Gasen in Flüssigkeiten?
- Vergleichen Sie die Geschwindigkeit von Diffusionsvorgängen in Gasen, Flüssigkeiten und Festkörpern. Welche Schlussfolgerungen ergeben sich daraus für die Reaktionsdauer?

Präparat F1 – Natriumhexa(nitrito-*N*)cobaltat(III), Na₃[Co(NO₂)₆] *(mittel)*

Achtung! Cobaltverbindungen sind karzinogen. Nitrose Gase sind giftig und führen zu Reizung der Atemwege, Haut und Augen. Daher muss der Versuch unbedingt im Abzug durchgeführt werden.

Durchführung: 15 g Natriumnitrit (NaNO₂) werden in einem 250-mL-Zweihalskolben in 15 mL heißem Wasser (60–70 °C) gelöst. Nun wird auf ca. 50 °C abgekühlt, dann zuerst 5 g Cobalt(II)-nitrat-Hexahydrat (Co(NO₃)₂ · 6 H₂O) und danach langsam unter Rühren 15 mL Essigsäure (CH₃COOH, 50 %-ig, c = 9 mol/L) zugegeben, wobei sich ein Niederschlag bildet. *Achtung:* Es entstehen außerdem nitrose Gase!

Durch die entstandene Suspension wird nun für 2 h ein kräftiger Druckluftstrom geleitet. Der als Nebenprodukt entstehende braune Niederschlag wird abgetrennt, mit 10 mL warmem Wasser verrührt und die Lösung filtriert. Die klaren Filtrate werden vereinigt und das Produkt durch langsame Zugabe von 80 mL Ethanol ausgefällt. Nach 30 min wird der Niederschlag abgesaugt, viermal mit wenig Ethanol und dann zweimal mit Ether gewaschen und an der Luft getrocknet.

Eigenschaften: dunkelgelbes, in Wasser leicht lösliches Kristallpulver

Vorbereitungsfragen:
- Nitrit ist bei dieser Synthese an zwei verschiedenen Reaktionen beteiligt. Stellen Sie für beide Reaktionene Gleichungen auf und bestimmen Sie jeweils die Oxidationsstufen der Edukte und Produkte!
- Was versteht man unter der Zähnigkeit von Liganden?
- Zeichnen Sie LEWIS-Formeln von NO₂, NO₂⁺ und NO₂⁻ und machen Sie Voraussagen für die Molekülgeometrie nach dem VSEPR-Modell!
- Auf welche Weisen kann der Nitrit-Ligand an Metallzentren binden? Wie geschieht es hier?
- Was sind nitrose Gase und warum sind sie gefährlich?
- Warum ist es hier vorteilhaft, von einem Cobalt(II)-Salz auszugehen, obwohl man doch einen Cobalt(III)-Komplex synthetisieren möchte?

Präparat F2 – Ammoniumkupfer(I)-tetrasulfid, (NH₄)CuS₄ *(schwer)*

Achtung! H₂S stinkt und ist zudem sehr giftig!

Durchführung: Ein 100-mL-Zweihalskolben mit Gaseinleitungsrohr und vorgeschalteter Sicherheitswaschflasche wird an einen KIPPschen Apparat angeschlossen, welcher zuvor zur H₂S-Erzeugung mit FeS-Stangen und halbkonzentrierter Salzsäure (HCl, c = 6 mol/L) befüllt wurde (Abb. 2.17). Nun werden 25 mL Wasser und 10 mL konzentrierte Ammoniaklösung (NH₃, 25 %-ig, c = 13 mol/L) in den Kolben gegeben und über ein Gaseinleitungsrohr unter Rühren und Eisbadkühlung für 30 min sehr langsam H_2S eingeleitet. In eine Hälfte der so erhaltenen Lösung werden nun bei 40 °C unter Rühren 3 g Schwefelpulver eingetragen. Ungelöster Schwefel wird abfiltriert, bevor die Lösung wieder mit der anderen Hälfte des Ansatzes vereinigt werden kann. Unter kräftigem Rühren erfolgt nun schnell die Zugabe von so viel einer Lösung von 1 g Kupfer(II)-sulfat-Pentahydrat ($CuSO_4 \cdot 5\,H_2O$) in 10 mL Wasser, bis der zwischenzeitlich gebildete Niederschlag von Cu_2S sich gerade nicht wieder auflöst. Dieser Cu_2S-Niederschlag wird sofort abgetrennt, indem durch einen großen Faltenfilter filtriert wird.

Beim Stehen im Eisschrank über Nacht scheiden sich glänzend rote Kristalle ab, die abgesaugt und nach dem Waschen mit Wasser und Ethanol im Vakuumexsikkator über konzentrierter Schwefelsäure (H_2SO_4) getrocknet werden.

Eigenschaften: glänzend rote Prismen

Vorbereitungsfragen:
- Stellen Sie die Reaktionsgleichungen der einzelnen Reaktionsschritte und der Gesamtreaktion auf und bestimmen Sie die Oxidationsstufen der Edukte und Produkte!
- Warum ist H_2S im Gegensatz zu Wasser bei Raumtemperatur ein Gas?
- Welche Reaktion findet hier im KIPPschen Apparat statt?
- Wie sind die Atome in elementarem Schwefel miteinander verknüpft?
- Formulieren Sie eine allgemeine Reaktionsgleichung für die Reaktion von Schwefel mit einer ammoniakalischen H_2S-Lösung!
- Zeichnen Sie eine LEWIS-Formel des $S_4{}^{2-}$-Anions im Produkt!
- Welche Stoffe kommen bei dieser Reaktion als Reduktionsmittel für Cu^{II} infrage?
- Warum bildet Kupfer(I) besonders stabile Komplexe mit Liganden mit Schwefeldonoratomen?

Präparat F3 – Mangansulfid, MnS *(schwer)*

Achtung! H_2S stinkt und ist zudem sehr giftig!

Durchführung: Ein 250-mL-Zweihalskolben mit Gaseinleitungsrohr und vorgeschalteter Sicherheitswaschflasche wird an einen KIPPschen Apparat angeschlossen, welcher zuvor zur H_2S-Erzeugung mit FeS-Stangen und halbkonzentrierter Salzsäure (HCl, c = 6 mol/L) befüllt wurde (Abb. 2.17). In den Kolben gibt man eine Lösung von etwa 1 g Mangan(II)-chlorid-Tetrahydrat ($MnCl_2 \cdot 4\,H_2O$) und 50 mg Kaliumoxalat ($K_2C_2O_4$) in 50 mL Wasser. Nun werden 8 ml konzentrierte Ammoniaklösung (NH_3, 25 %-ig, c = 13 mol/L) zugegeben und unter Rühren zum Sieden erhitzt. *Achtung*: Rührstäbchen nicht vergessen!

In die siedende Mischung wird nun H_2S eingeleitet. Das zunächst fleischfarben ausfallende Mangansulfid wandelt sich bei weiterem Erhitzen und starker Sättigung mit H_2S innerhalb von etwa 2 h vollständig in eine grüne Verbindung um. Der abfiltrierte Feststoff wird, um ebenfalls ausgefällten Schwefel zu entfernen, dreimal mit einer verdünnten Ammoniumsulfidlösung ausgekocht. Nach weiterem Abfiltrieren wird mit H_2S-Wasser, dann mit Wasser gewaschen und schließlich im Trockenschrank bei 80 °C getrocknet, dabei bildet sich rotes Mangansulfid (β-MnS).

Eigenschaften: roter Feststoff

Vorbereitungsfragen:
- Stellen Sie die Reaktionsgleichung für die Synthese von Mangansulfid auf und bestimmen Sie die Oxidationsstufen der Edukte und Produkte!
- Was ist der Unterschied zwischen α- und β-MnS? Zeichnen Sie die Elementarzelle der α-Modifikation!
- Wie bezeichnet man das Phänomen, wenn eine Verbindung in verschiedenen kristallinen Festkörperstrukturen auftritt?
- Was beschreibt die OSTWALDsche Stufenregel?
- Warum ist H_2S im Gegensatz zu Wasser bei Raumtemperatur ein Gas?
- Welche Reaktion findet hier im KIPPschen Apparat statt?
- Was geschieht, wenn H_2S in eine basische Lösung eingeleitet wird?
- Warum kann bei der Reaktion ebenfalls Schwefel ausfallen? Wie sind die Atome in elementarem Schwefel miteinander verknüpft?
- Warum kann Schwefel durch die Zugabe von Ammoniumsulfid wieder entfernt werden? Stellen Sie eine Reaktionsgleichung auf und zeichnen Sie LEWIS-Formeln der möglicherweise gebildeten Schwefelspezies!

Präparat F4 – Kupfer(I)tetraiodidomercurat(II), $Cu_2[HgI_4]$ *(mittel)*

Achtung! HgI_2 und SO_2 sind giftig! SO_2 muss aus dem Abgas durch Einleiten in eine $NaOH/H_2O_2$-Lösung möglichst vollständig entfernt werden!

Durchführung: In einem 100-mL-Zweihalskolben mit Gaseinleitungsrohr oder einer Waschflasche werden 2.2 g Quecksilber(II)-iodid (HgI_2) und 1.6 g Kaliumiodid (KI) in 12 mL Wasser gelöst. Die filtrierte Lösung wird dann mit einer Lösung von 2.5 g Kupfer(II)-sulfat-Pentahydrat ($CuSO_4 \cdot 5\,H_2O$) in 7.5 mL Wasser versetzt. Das Gefäß mit der Lösung wird nun zwischen den Kolben des Gasentwicklers und die Waschflasche mit Wasser geschaltet (Abb. 2.17). Der Gasentwickler wird zur Erzeugung von SO_2 verwendet und mit 40 %-iger Natriumhydrogensulfitlösung ($NaHSO_3$) befüllt zu der Schwefelsäure (H_2SO_4, 50 %-ig, $c = 7\,mol/L$) getropft wird. Durch die dunkelrote Suspension wird nun mit leichtem Druckluftstrom so lange SO_2 aus dem Gasentwickler eingeleitet, bis die überstehende Lösung farblos ist. Der hellrote Niederschlag wird abgesaugt, mit Wasser gewaschen und bei 100 °C getrocknet. Die Substanz wird nachfolgend aus heißer halbkonzentrierter Salzsäure (HCl, $c = 6\,mol/L$) umkristallisiert.

Eigenschaften: rotes Kristallpulver. Beim Erwärmen auf über 70 °C schlägt die Farbe in schokoladenbraun um.

Vorbereitungsfragen:
-   Stellen Sie die Reaktionsgleichungen aller Teilreaktion und der Gesamtreaktion für die Synthese von $Cu_2[HgI_4]$ auf und bestimmen Sie die Oxidationsstufen der Edukte und Produkte!
-   Wie wird SO_2 technisch dargestellt? Wie wird es industriell in SO_3 umgewandelt?
-   Was geschieht, wenn SO_2 in Wasser eingeleitet wird?
-   Zeichnen Sie eine Lewis-Formel von SO_2! Welche Molekülgeometrie erwartet man?
-   Welche Rolle spielt SO_2 bei dieser Reaktion?
-   Welche Koordinationsgeometrie hat das Komplexanion des Produkts?
-   Wie bezeichnet man das Phänomen, wenn eine Verbindung bei verschiedenen Temperaturen unterschiedliche Farben zeigt?
-   Das Produkt ist Bestandteil von „NEßLERS Reagenz" – was kann damit nachgewiesen werden? Stellen Sie die Reaktionsgleichung auf!

Präparat F5 – trans-Tetraammindi(nitrito-*N*)cobalt(III)-chlorid, $[Co(NO_2)_2(NH_3)_4]Cl$ *(schwer)*

Achtung! Cobaltverbindungen sind karzinogen!

Durchführung: In einem 250-mL-Zweihalskolben werden 5 g Ammoniumchlorid (NH_4Cl) und 7 g Natriumnitrit ($NaNO_2$) in 40 mL Wasser gelöst und mit 6 ml konzentrierter Ammoniaklösung (NH_3, 25 %-ig, $c = 13$ mol/L) versetzt. Nach Zugabe von 4.5 g Cobalt(II)-chlorid-Hexahydrat ($CoCl_2 \cdot 6 H_2O$) in 10 mL Wasser wird ein langsamer Luftstrom durch das Gemisch geleitet. Nach etwa 3 h ist die Reaktion beendet. Die Suspension wird über Nacht stehen gelassen, wobei sich ein Niederschlag absetzt. Dieser wird abgesaugt und so lange mit Wasser gewaschen, bis sich im Waschwasser mit Ammoniumoxalat ($NH_4C_2O_4$) kein Niederschlag von $[Co(NO_2)(NH_3)_5]C_2O_4$ mehr fällen lässt.

Das Rohprodukt wird in möglichst wenig heißer Essigsäure (CH_3COOH, $c = 1$ mol/L) gelöst, ggf. filtriert und mit einer wässrigen Lösung von 2 g NH_4Cl pro 10 g Rohprodukt gefällt. Nach Abkühlen und längerem Stehen können die Kristalle abgesaugt, mit Ethanol gewaschen und im Exsikkator über P_4O_{10} getrocknet werden.

Eigenschaften: braun-rote Kristalle

Vorbereitungsfragen:
-   Stellen Sie die Reaktionsgleichung für die Synthese von $[Co(NO_2)_2(NH_3)_4]Cl$ auf und bestimmen Sie die Oxidationsstufen der Edukte und Produkte!
-   Was versteht man unter *cis-/trans*-Isomerie?
-   Was versteht man unter der Zähnigkeit von Liganden?
-   Zeichnen Sie LEWIS-Formeln von NO_2, NO_2^+ und NO_2^- und machen Sie Voraussagen für die Molekülgeometrie nach dem VSEPR-Modell!
-   Auf welche Weise kann der Nitrit-Ligand allgemein an Metallzentren binden? Was ist hier der Fall?
-   Was versteht man unter Ionisationsisomerie und wie könnte sie für das Produkt auftreten?
-   Warum ist es bei dieser Synthese vorteilhaft, von einem Cobalt(II)-Salz auszugehen, obwohl man doch einen Cobalt(III)-Komplex synthetisieren möchte?

Präparat F6 – Eisen(III)-hydroxidoxid (Goethit), α-FeO(OH) *(mittel)*

Durchführung: 5 g Eisen(III)-nitrat-Nonahydrat (Fe(NO$_3$)$_3$ · 9 H$_2$O) werden in 25 ml Wasser gelöst und unter Rühren in der Kälte langsam in 5 mL konzentrierte Ammoniaklösung (NH$_3$, 25 %-ig, c = 13 mol/L) gegossen. Das dabei ausgefallene Eisenhydroxid wird dreimal mit jeweils etwa 100 mL kaltem Wasser unter Aufwirbeln ausgewaschen und dekantiert. Das schlammige Produkt wird dann mit so viel KOH verrührt, dass die KOH-Konzentration der Mischung etwa 2 mol/L beträgt und über Nacht stehengelassen. Dann leitet man mithilfe einer Dampfkanne (Abb. 2.18) ca. 2 h lang Wasserdampf durch die Suspension. Dabei wandelt sich der Niederschlag in α-FeO(OH) um.

Eigenschaften: gelbroter Niederschlag

Vorbereitungsfragen:
- Skizzieren Sie das Phasendiagramm von Wasser, in dem Sie Tripelpunkt, kritischen Punkt und Phasengrenzlinien einzeichnen!
- Welche Eisenoxide kommen besonders häufig auf der Erde vor? Für welchen großtechnischen Prozess sind sie essentiell wichtig?
- Welche Formel hat das im ersten Reaktionsschritt ausgefallene Eisenhydroxid?
- Warum wird Wasserdampf eingeleitet? Was würde geschehen, wenn das Produkt auf hohe Temperaturen erhitzt würde?
- GOETHE ist eher für seine literarischen Werke bekannt – welcher Lebensabschnitt des „Dichterfürsten" könnte dazu inspiriert haben, diese Verbindung nach ihm zu benennen?

Präparat F7 – Lithiumnitrid, Li$_3$N *(mittel)*

Durchführung: Ein Stück von ca. 300 mg Lithiummetall wird mit einem Filterpapier abgetrocknet, von der Oxidschicht befreit und in ein Eisenschiffchen gelegt. Da das Alkalimetall sehr schnell eine neue Oxidschicht ausbildet, muss dabei möglichst zügig gearbeitet werden. Das Schiffchen wird nun in ein horizontal eingespanntes Quarzrohr geschoben. Man verdrängt die Luft durch Stickstoff und erhitzt das Lithiummetall im Stickstoffstrom vorsichtig mit einem untergestellten Bunsenbrenner. *Achtung*: vor dem Versuchsaufbau ist ein Splitterschutz zu platzieren! Lithium schmilzt bei 186 °C und setzt sich dann bei ungefähr 450 °C in einer exothermen Reaktion zum Produkt um. Man lässt im Stickstoffstrom erkalten und entnimmt das Reaktionsprodukt erst dann dem Eisenschiffchen. Das Präparat ist an der Luft instabil.

Probe auf Nitrid: In ein 500-mL-Becherglas gibt man etwa 100 mL Wasser. Wenn kleine(!) Stücke des Produkts in das Wasser geworfen werden, kommt es zur Bildung von Ammoniak, das mit angefeuchtetem Indikatorpapier in der Gasphase über der Lösung nachgewiesen wird. Nach Ende der Reaktion wird auch der pH-Wert der Lösung geprüft! Ein weiterer möglicher sehr empfindlicher Ammoniaknachweis kann mit „NEßLERS Reagenz" erfolgen, welches im ersten Schritt von Präparat F4 aus HgI$_2$ und KI hergestellt wird und hier verwendet werden kann. Der Nachweis erfolgt durch die Fällung des intensiv rotbraun gefärbten Iodids der sogenannten Millonschen Base [Hg_2N]I.

Eigenschaften: rot-brauner Feststoff

Vorbereitungsfragen:
– Stellen Sie die Reaktionsgleichung für die Synthese von Li_3N auf und bestimmen Sie die Oxidationsstufen der Edukte und Produkte!
– Wie wird Stickstoff technisch gewonnen?
– Warum ist N_2 ein besonders reaktionsträges Gas? Begründen Sie Ihre Antwort mithilfe eines MO-Schemas für das N_2-Molekül!
– Was sind kovalente, salzartige und metallische Nitride? Wie unterscheiden sich ihre Eigenschaften und wo werden Nitride technisch eingesetzt?
– Großtechnisch erfolgt die Herstellung von Ammoniak nicht über Li_3N sondern nach einem anderen Verfahren – welchem?
– Welche Festkörperstrukturen findet man für elementare Alkalimetalle?
– Wie werden Alkalimetallrückstände im Labor entsorgt?

Präparat F8 – Ammoniumtetrathiomolybdat(VI), $(NH_4)_2[MoS_4]$

Achtung! H_2S stinkt und ist zudem sehr giftig!

Durchführung: In einen 50-mL-Zweihalskolben werden unter Rühren 1 g Ammonium-heptamolybdat-Tetrahydrat (($NH_4)_6[Mo_7O_{24}]$ · 4 H_2O) in 12 mL Wasser gelöst und anschließend mit 10 mL Ammoniaklösung (NH_3, c = 8 mol/L) versetzt. Über einen der Hälse wird ein Abgasauslass bestehend aus drei Gaswaschflaschen aufgebaut, wobei die mittlere Waschflasche mit Natriumhydroxidlösung gefüllt ist. Über den zweiten Hals wird in die klare Lösung aus einem KIPPschen Apparat, welcher zuvor zur H_2S-Erzeugung mit FeS-Stangen und halbkonzentrierter Salzsäure (HCl, c = 6 mol/L) befüllt wurde (Abb. 2.17), H_2S bis zur Sättigung eingeleitet. Dabei färbt sich die Lösung zunächst grüngelb, dann rot und anschließend dunkelrot bis braun. Aus dieser Lösung fällt schließlich das Produkt aus, das nach dem Abfiltrieren über einen Filtertiegel zunächst mit sehr wenig Wasser und dann mit Ethanol gewaschen wird. Die Lösung kann auch kaltgestellt werden, um den Kristallisationsprozess zu beschleunigen und die Ausbeute zu erhöhen. Anschließend wird das Produkt an der Luft getrocknet.

Eigenschaften: rote Kristalle

Vorbereitungsfragen:
– Stellen Sie die Reaktionsgleichung der Gesamtreaktion für die Synthese von $(NH_4)_2[MoS_4]$ auf und bestimmen Sie die Oxidationsstufen der Edukte und Produkte!
– Nach dem Auflösen von $(NH_4)_6[Mo_7O_{24}]$·4 H_2O in Wasser und Zugabe von NH_3 findet die Hydrolyse des Anions zu einem einkernigen Komplex statt. Formulieren Sie eine Reaktionsgleichung!

- Warum ist H_2S im Gegensatz zu Wasser bei Raumtemperatur ein Gas?
- Welche Reaktion findet hier im KIPPschen Apparat statt?
- Was geschieht, wenn H_2S in eine basische Lösung eingeleitet wird?
- Welche Zwischenstufen treten bei dieser Reaktion auf?
- Worauf beruht die Farbigkeit dieser Verbindung?

G Molekulare Verbindungen der p-Block-Elemente

Hintergrund

Besonders in der Biosphäre, also den belebten Bereichen der Erde, spielen chemische Verbindungen eine dominierende Rolle, die allein aus p-Block-Elementen bestehen. Außer den Edelgasen in der Atmosphäre liegen diese Stoffe zum Großteil in Form molekularer Verbindungen vor. Wichtige Beispiele sind N_2, O_2 oder CO_2 als Bestandteile der Luft, das Wasser (H_2O), die wohl wichtigste Verbindung für das Leben, aber auch molekulare Ionen wie NH_4^+, $H_2PO_4^-$, HCO_3^-..., die man in Gewässern und Böden findet. Diese niedermolekularen Verbindungen sind Ausgangsstoffe für Biosynthese-Pfade in den Zellen und so handelt es sich auch bei der organischen und biologischen Chemie zu großen Teilen um „molekulare Chemie der p-Block-Elemente" – beide Bereiche behandeln aber natürlich Verbindungen von weitaus größerer Größe und Komplexität.

Die meisten p-Block-Elemente sind Nicht- oder Halbmetalle mit Elektronegativitäten $\chi > 2$. Die Bildung ionischer Verbindungen, die die vollständige Übertragung von Elektronen von einem Atom auf ein anderes voraussetzt, wird zwischen p-Block-Elementen daher kaum beobachtet. Der wichtigste Ansatz zur Beschreibung der Bindungsverhältnisse von p-Block-Verbindungen ist vielmehr die kovalente Bindung. Als theoretisches Modell für die **kovalente Bindung** dient meist die Kombination der Atomorbitale der beteiligten Atome zu Molekülorbitalen unterschiedlicher Energie, die dann dem PAULI-Prinzip folgend jeweils mit bis zu zwei Elektronen pro Molekülorbital besetzt werden können. Tatsächlich findet man, dass die meisten p-Block-Verbindungen diamagnetische Moleküle sind, bei denen sich also alle Elektronen in doppelt besetzten Molekülorbitalen befinden. Auf dem Papier symbolisieren Chemikerinnen und Chemiker die bindenden Elektronenpaare in **LEWIS-Formeln** als Bindungsstriche zwischen den Elementsymbolen. Diese 1923 von LEWIS eingeführte Darstellungsweise von Molekülen ist heute wie kaum etwas anderes ein Markenzeichen der Chemie und LEWIS-Formeln verschiedenster p-Block-Verbindungen zieren Buchdeckel, Gebäudefassaden, Briefmarken u. v. m.

Die LEWIS-Formeln deuten eine wichtige Eigenschaft kovalenter Bindungen an: Wie durch den Strich zwischen den verbundenen Atomen symbolisiert, ist die **Bindung lokalisiert und gerichtet**. Auf Basis der LEWIS-Formelschreibweise entwickelten GILLESPIE und NYHOLM 1957 ein weiteres äußerst wichtiges Modell für die Voraussage der Geometrien molekularer Verbindungen: die **VSEPR-Theorie** (*valence shell electron pair repulsion*). Unter der Annahme, dass die Gestalt eines Moleküls hauptsächlich ein

Resultat der gegenseitigen Abstoßung der Elektronenpaare um ein Zentralatom sei, erlaubt es das VSEPR-Modell, die Molekülgeometrien der meisten molekularen Verbindungen (besonders des p-Blocks!) korrekt vorherzusagen. In den Präparaten dieses Kapitels werden Verbindungen dargestellt, die unterschiedliche Molekülgeometrien zeigen. Ihre Strukturen lassen sich aber auf Grundlage der zugehörigen LEWIS-Formeln und dem VSEPR-Modell in der Regel völlig korrekt voraussagen.

Neben den weitgehend kovalenten Bindungen zeichnen sich Moleküle der p-Block-Elemente durch zum Teil sehr große absolute Elektronegativitätsunterschiede ($\Delta\chi$ von bis zu 2) der beteiligten Atome aus. Dies hat zur Folge, dass teilweise sehr **polare Bindungen** und Moleküle gebildet werden können. Außerdem beobachtet man für viele p-Block-Elemente je nach Bindungspartner eine große Anzahl möglicher positiver *und* negativer formale Oxidationszahlen. Ein wichtiges Beispiel hierfür stellt das Element Schwefel dar, dem in molekularen Verbindungen formale Oxidationszahlen von $-II$ bis $+VI$ zugeordnet werden können. Die Produkte der Präparate G2–G4 verdeutlichen dies, denn hier werden je nach Reaktion bereits vier der möglichen Oxidationsstufen des Schwefels erreicht.

Dabei sind aber nicht alle möglichen Oxidationszahlen gleich wahrscheinlich: Als generelle Tendenz für die **Oxidationszahlen** der p-Block-Elemente findet man vielmehr, dass besonders Oxidationsstufen, die einer geraden Anzahl von Valenzelektronen entsprechen, besonders stabil sind. Ein Spezialfall dieses Trends ist das Konzept des „inerten Elektronenpaars", welches ab der dritten Reihe der p-Block-Elemente im Periodensystem (also ab dem Element Gallium) beobachtet wird. Hier findet man eine besonders hohe Stabilität der Oxidationsstufe, welche einer Valenzelektronenkonfiguration entspricht, bei der zur höchsten Hauptquantenzahl n lediglich das s-Orbital mit zwei Elektronen (dem „**inert pair**") besetzt ist. Das erste Präparat dieses Kapitels bietet dafür ein schönes Beispiel: Die Reaktion von elementarem Iod mit Antimon führt zu stabilem SbI_3 mit Antimon in der Elektronenkonfiguration $[Kr]5s^2 4d^{10}$, also nur zwei s-Elektronen mit $n = 5$, während alle 5p-Orbitale leer sind.

Die Chemie der molekularen p-Block-Elemente ist äußerst vielfältig. Die Versuche dieses Kapitels können daher nur eine kleine Auswahl solcher Substanzen vorstellen. Wer die Liste der Präparate dieses Kapitels analysiert, wird feststellen, dass alle Verbindungen entweder ein stark elektronegatives Element (Sauerstoff, Stickstoff) oder ein p-Block-Element mit deutlichem Metallcharakter (Antimon, Zinn) enthalten. Dafür gibt es einen Grund: viele molekulare p-Block-Verbindungen, die ausschließlich Bindungen zwischen weniger elektronegativen p-Block-Elementen wie Bor, Kohlenstoff oder Phosphor enthalten, sind sehr luft- und wasserempfindlich und daher nur mit Schutzgastechnik handhabbar. Die Synthese solcher (trotzdem sehr wichtigen und hochinteressanten!) Verbindungen ist mit erheblich größerem apparativem Aufwand verbunden und daher Fortgeschrittenenpraktika vorbehalten.

Präparat G1 – Antimon(III)-iodid, SbI_3 (*leicht*)

Durchführung: Eine Lösung von 1.75 g Iod (I_2) in 40 mL Toluol wird mit 0.9 g fein gepulvertem Antimon in einem 100-mL-Rundkolben mit aufgesetztem $CaCl_2$-Trockenrohr bis zum Verschwinden der violetten Farbe unter Rückfluss gerührt. Die grünlichgelbe Lösung wird nun heiß in eine Kristallisierschale dekantiert. Beim Erkalten scheidet sich SbI_3 langsam in Form roter Plättchen ab. Die Fällung kann im Eisbad vervollständigt werden. Das Produkt wird im Vakuumexsikkator über P_4O_{10} getrocknet.

Eigenschaften: rote, plättchenförmige und feuchtigkeitsempfindliche Kristalle. Außer der roten trigonalen Form existieren noch zwei grünliche Modifikationen, eine rhombische und eine monokline.

Vorbereitungsfragen:
- Stellen Sie die Reaktionsgleichung für die Synthese von SbI_3 auf und bestimmen Sie die Oxidationsstufen der Edukte und Produkte! Formulieren Sie auch einen Vorschlag für die Reaktion des Produkts mit Wasser, welche die Feuchtigkeitsempfindlichkeit erklärt!
- Welche Molekülstruktur weist SbI_3 auf?
- Mit Fluor statt Iod als Reaktant kann Antimon auch zu Antimon(V)-fluorid (SbF_5) umgesetzt werden! Welche Geometrie erwarten Sie für dieses Molekül? Warum führt die Umsetzung mit Iod nicht auch zu SbI_5? Warum gibt es kein Stickstoffpentafluorid?
- Die Siedepunkte der Antimontrihalogenide nehmen von 223 °C für $SbCl_3$ nach 401 °C für SbI_3 stark zu. Warum?
- In festem SbI_3 findet man drei kurze (2.9 Å) und drei lange (3.3 Å) Sb-I-Abstände, in festem BiI_3 sind alle sechs Bi-I Abstände identisch (3.1 Å). Warum?
- Warum wird die Synthese in Toluol und nicht in H_2O durchgeführt? *Tipp*: Wodurch wird die violette Farbe der Lösung verursacht?

Präparat G2 – Kaliumtetrathionat, $K_2S_4O_6$ (*mittel*)

Durchführung: Zu einer eisgekühlten Lösung von 3.25 g Iod (I_2) in 40 mL Ethanol und
5 mL Wasser wird unter Rühren eine Lösung von 4.0 g Natriumthiosulfat ($Na_2S_2O_3$)
und 2.0 g Kaliumchlorid (KCl) in 12 mL Wasser getropft. Dabei scheidet sich Kaliumtetrathionat ab, das durch einen BÜCHNER-Trichter abfiltriert wird. Der Filter-
rückstand wird dreimal mit je 8 mL Ethanol gewaschen und dann in 15 mL Wasser
gelöst. Durch Zugabe von 10 mL Ethanol zu dieser Lösung wird das Tetrathionat
erneut ausgefällt. Es wird abermals abfiltriert und zweimal mit je 10 mL Ethanol
gewaschen. Die weißen Kristalle werden im Exsikkator über konzentrierter Schwefelsäure (H_2SO_4) getrocknet.

Eigenschaften: farblose glänzende Kristalle, die sich beim Erwärmen zu K_2SO_4,
Schwefel und SO_2 zersetzen

Vorbereitungsfragen:
- Stellen Sie die Reaktionsgleichung für die Synthese von $K_2S_4O_6$ auf und bestimmen Sie die Oxidationsstufen der Edukte und Produkte! Formulieren Sie auch eine Gleichung für die Zersetzungsreak-
  tion des Produkts beim Erwärmen!
- Zeichnen Sie LEWIS-Formeln der Anionen Sulfat, Thiosulfat und Tetrathionat! Was für Molekülgeo-
  metrien erwartet man? Ordnen Sie allen Schwefelatomen in diesen Anionen Oxidationszahlen zu!
- Welche Rolle spielt Iod bei dieser Reaktion? Warum gelingt die Synthese mit Chlor nicht? Warum
  wird KCl zur Reaktionsmischung hinzugefügt?
- Welche generelle Summenformel haben Polythionat-Ionen? Zeichnen Sie die LEWIS-Formeln der
  Polythionat-Ionen mit 3, 4 und 5 Schwefelatomen und ordnen Sie auch hier allen Schwefelatomen
  Oxidationszahlen zu!
- Eine Lösung von Polythionsäuren kann auch durch Einleiten von H_2S in eine wässrige SO_2-Lösung
  erhalten werden („WACKENRODERsche Flüssigkeit"), wobei sich als Zwischenprodukt Thioschweflige
  Säure ($H_2S_2O_3$) bildet. Formulieren Sie eine Reaktionsgleichung und zeichnen Sie eine LEWIS-Formel
  der Thioschwefligen Säure!

Präparat G3 – Thiocyansäure, HSCN und Cobalt(II)-thiocyanat, $Co(SCN)_2$ (*mittel*)

Achtung! Cobaltsalze sind potenziell karzinogen. Thiocyansäure ist giftig.

Durchführung: Eine saure Kationenaustauschersäule wird mit 50 mL halbkonzentrierter Salzsäure (HCl, c = 6 mol/L) gespült. Anschließend wird so lange mit H_2O
gewaschen (ca. 100 mL) bis das durchgelaufene Waschwasser mit Silbernitratlösung
keinen Niederschlag mehr bildet. Die Säule liegt jetzt in ihrer „sauren Form" vor.
Nun lässt man langsam eine Lösung von 5 g Ammoniumthiocyanat (NH_4SCN) in
25 mL H_2O durch die Säule laufen. Das Eluat, das HSCN enthält, wird in einem
Becherglas gesammelt und sein pH-Wert geprüft (pH < 7). Das Harz wird anschließend mit ca. 100 mL H_2O gewaschen und das Waschwasser verworfen.

Reine Thiocyansäure ist thermisch sehr instabil, und nur verdünnte Lösungen lassen sich aufbewahren. Die dargestellte Thiocyansäurelösung wird daher unmittelbar zur Synthese von Cobalt(II)-thiocyanat verwendet, indem jeweils 10 mL des Eluats zu 2.5 g festem Cobalt(II)-carbonat (CoCO$_3$) gegeben werden. Die Lösung wird so lange vorsichtig erwärmt, bis die Kohlendioxid-Bildung beendet ist. Nun wird vom Unlöslichen abfiltriert und das Filtrat fast zur Trockne eingedampft. Dabei bleibt blaues Co(SCN)$_2$ zurück, das im Exsikkator getrocknet wird.

Eigenschaften: HSCN: farblose Lösung; Co(SCN)$_2$: blauer Feststoff

Vorbereitungsfragen:
- Stellen Sie die Reaktionsgleichungen für die Synthese von HSCN und Co(SCN)$_2$ auf und bestimmen Sie die Oxidationsstufen der Edukte und Produkte!
- Zeichnen Sie die Lewis-Formeln von SCN$^-$ und HSCN! Was für Bindungswinkel erwartet man? Welche Bindungsabstände sind lang, welche deutlich kürzer?
- Thiocyanat ist ein „Pseudohalogenid". Was heißt das? Nennen Sie weitere Anionen dieser Substanzfamilie!
- Wie ist das Material eines Kationenaustauschers aufgebaut? Was geschieht bei der Überführung des Ionenaustauschers in seine „saure Form" zu Beginn der Synthese? Wie liegt der Ionenaustauscher nach dem Durchlauf der Ammoniumthiosulfatlösung vor?
- Wo werden Ionenaustauscher technisch eingesetzt?

Präparat G4 – Kaliumperoxodisulfat, K$_2$S$_2$O$_8$ (*schwer*)

Achtung: Bei dieser Elektrosynthese wird in einer Nebenreaktion das Atemgift Ozon O$_3$ gebildet – im Abzug arbeiten! Vorsicht beim Umgang mit Ether!

Durchführung: 40 g Kaliumhydrogensulfat (KHSO$_4$) werden in einem 250-mL-Rundkolben mit 90 mL Wasser versetzt. Durch Rühren wird eine gesättigte Lösung hergestellt. Nach dem Abkühlen im Eisbad auf 0 °C wird die Lösung in ein Becherglas dekantiert, das als Elektrosynthesegefäß dient. Als Anode dient eine Spirale aus Platindraht, als Kathode wird ein zylindrisches Platinnetz verwendet (Abb. 4.9). Das verschlossene Reaktionsgefäß wird mit einer Eis-Kochsalz-Mischung gekühlt. Nachdem die Elektroden an die Gleichspannungsquelle angeschlossen wurden, wird die Spannung so reguliert (5–10 V), dass ~1.3 A Stromstärke gemessen werden. Einige Minuten nach dem Einschalten des Stromes fallen an der Anode die ersten Kristalle des schwerlöslichen K$_2$S$_2$O$_8$ aus. Die Reaktion wird ca. 2 h bei konstanter Spannung in Gang gehalten, wobei das Eis-Kochsalz-Bad mehrfach zu erneuern ist und man in Abständen von längstens 10 min die Stromstärke notiert.

Ist nach Abbruch der Elektrosynthese nur wenig K$_2$S$_2$O$_8$ ausgefallen, so liegt vermutlich eine stark übersättigte Lösung vor. Durch Reiben mit einem Glasstab oder

Stehenlassen über Nacht im Eis-Kochsalz-Bad (DEWAR-Gefäß) kann die Kristallbildung ausgelöst werden.

Die ausgefallenen weißen Kristalle werden im Glasfiltertiegel abgesaugt und mit wenig Eiswasser gewaschen. Anschließend wird noch mit Ethanol und Ether gewaschen und trocken gesaugt. Das Produkt wird gewogen und unter Verwendung der notierten Strom-Zeit-Daten die FARADAY-Ausbeute der Elektrosynthese bestimmt.

Eigenschaften: weiße Kristalle, stark oxidierende Substanz

Vorbereitungsfragen:
- Welche Redox-Halbreaktionen laufen an den Elektroden ab und was sind deren tabellierten Standardpotenziale? Warum ist die angelegte Spannung deutlich größer als die Differenz der Standardpotenziale der beiden Halbreaktionen?
- Zeichnen Sie LEWIS-Formeln von Ozon und Peroxodisulfat! Welche Molekülgeometrien und was für Bindungswinkel erwarten Sie? Ordnen Sie allen Sauerstoffatomen im Ozon und Peroxodisulfat formale Oxidationszahlen zu!
- Warum wird bei der Synthese $KHSO_4$ und nicht K_2SO_4 als Edukt eingesetzt? *Tipp*: molare Leitfähigkeiten der Ionen bedenken!
- Wofür werden Peroxodisulfat-Salze verwendet?
- Warum ist die FARADAY-Ausbeute einer Elektrosynthese stets (deutlich) kleiner als 100 %?

Präparat G5 – Borsäuretrimethylester, $B(OCH_3)_3$ (*schwer*)

Durchführung: In einen 250-mL-Zweihalskolben mit Rückflusskühler und aufgesetztem $CaCl_2$-Trockenrohr werden 50 mL Methanol gefüllt und nach und nach 10 g Bor(III)-oxid (B_2O_3) zugegeben, wobei sich die Mischung erwärmt. Anschließend wird noch 1 h unter Rückfluss erhitzt. Nun ersetzt man den Rückflusskühler durch eine Destillationsbrücke und destilliert die azeotrope Ester-Methanol-Mischung (Sdp. 56 °C) sowie einen Überschuss Methanol unter Feuchtigkeitsausschluss bis zu einer Siedetemperatur von ca. 60 °C ab. Zum Destillat wird nun so viel LiCl gegeben, dass auf 100 g des azeotropen Gemisches 12 g LiCl kommen. Es bilden sich zwei Phasen, wobei die obere den Ester enthält. Mithilfe eines Scheidetrichters wird das Produkt vorsichtig abgetrennt.

Eigenschaften: feuchtigkeitsempfindliche, farblose Flüssigkeit. *Probe auf Borsäureester:* Das Produkt wird in ein Uhrglas oder eine Porzellanschale überführt und im Abzug entzündet. Der Ester verbrennt mit hellgrüner Flamme.

Vorbereitungsfragen:
- Stellen Sie die Reaktionsgleichung für die Synthese von $B(OCH_3)_3$ auf und bestimmen Sie die Oxidationsstufen der Edukte und Produkte!
- Was versteht man allgemein unter einem Ester? Welche Moleküleinheit enthalten Carbonsäureester? Nennen Sie zwei weitere Ester anorganischer Säuren!
- Zeichnen Sie die LEWIS-Formeln von Borsäure und Borsäuretrimethylester?

- Das Produkt wird allgemein als „Elektronenmangelverbindung" beschrieben. Was heißt das? Zeichnen Sie eine mögliche LEWIS-Formel, bei der kein „Elektronenmangel" vorliegt! Warum ist diese zur Beschreibung der elektronischen Struktur weniger wichtig?
- Im Gegensatz zum dargestellten Ester liegt Boran als Dimer der Summenformel B_2H_6 vor. Erklären Sie die Bindungsverhältnisse in diesem Molekül!
- Was ist ein azeotropes Gemisch?
- Was bewirkt die Zugabe von LiCl zum Destillat? Könnte auch ein anderes Salz (z. B. $MgCl_2$) verwendet werden?

Präparat G6 – Tetramethylammoniumioddibromid, $(NMe_4)(IBr_2)$ (*mittel*)

Achtung! Brom ist sehr giftig und eine aggressive Chemikalie! Alle Arbeiten müssen in einem Abzug durchgeführt werden. Natriumthiosulfatlösung bereitstellen!

Durchführung: 1 mL Br_2 wird in einem 100-mL-Dreihalskolben mit Rückflusskühler und Thermometer in 40 mL Methanol gelöst. Anschließend werden unter Rühren 3.16 g Tetramethylammoniumiodid (NMe_4I) zugegeben und das Gemisch unter Rückfluss auf 65 °C erwärmt, bis sich der Feststoff gelöst hat. Nun wird zur Verbesserung der Kristallisation der Rührfisch entnommen und die Lösung langsam auf Raumtemperatur abgekühlt. *Tipp:* Beobachten Sie den Kristallisationsprozess an der Flüssigkeitsoberfläche! Die Ausbeute der ausfallenden Kristalle lässt sich durch ein weiteres Abkühlen oder Einengen der Lösung nach der Kristallisation erhöhen. Die Kristalle werden abgenutscht, mehrmals mit Methanol gewaschen und im Exsikkator getrocknet. Die vereinigten Waschlösungen können über Nacht im Kühlschrank zum Auskristallisieren von mehr Produkt gelagert werden.
Eigenschaften: purpurne Kristalle

Vorbereitungsfragen:
- Stellen Sie die Reaktionsgleichung für die Synthese von $(NMe_4)(IBr_2)$ auf und bestimmen Sie die Oxidationsstufen der Edukte und Produkte!
- Zeichnen Sie eine LEWIS-Formel von IBr_2^-! Welche Molekülgeometrie und was für einen Winkel erwarten Sie für dieses Anion nach dem VSEPR-Modell?
- Welche weiteren Interhalogenverbindungen und Halogenanionen gibt es? Welcher Systematik folgen die Strukturen dieser Verbindungen?

Präparat G7 – Octaselen- und Tetratellurdikationen Se_8^{2+} / Te_4^{2+} (*leicht*)

Durchführung: Eine sehr kleine Spatelspitze graues Selen bzw. Tellur wird in einem Reagenzglas mit 5 mL konzentrierter Schwefelsäure (H_2SO_4) übergossen und das Reagenzglas im Abzug vorsichtig mit einem Bunsenbrenner erhitzt. Das Selen löst sich und die Lösung verfärbt sich grün (Se_8^{2+}), bei Tellur bildet sich eine rote Lösung (Te_4^{2+}).

Eigenschaften: grüne bzw. rote Lösungen. Wenn man die Lösungen jeweils in ca. 100 mL kaltes Wasser gießt, zerfallen die instabilen Kationen unter Disproportionierung wieder und man erhält u. a. elementares (rotes) Selen und Tellur zurück.

Vorbereitungsfragen:

- Stellen Sie die Reaktionsgleichungen für die Bildung und Zersetzung der homopolyatomaren Kationen auf und bestimmen Sie die Oxidationsstufen der Edukte und Produkte!
- Welche Struktur hat Te_4^{2+} und was hat es mit Benzol gemeinsam?
- Beschreiben sie die Bindungsverhältnisse, indem sie die Dimerisierung zweier Te_2^+ Kationen annehmen! Stellen sie dafür das MO-Schema von O_2 auf und entfernen sie eines der höchstliegenden Elektronen, um das MO-Schema von O_2^+ zu erhalten, welches isoelektronisch zu Te_2^+ ist! Welches Orbital ist nun einfach besetzt? Lassen sie dieses Orbital mit dem eines zweiten solchen Moleküls wechselwirken, um einen viergliedrigen Ring zu bilden!
- Se_8^{2+} hat dieselbe Struktur wie S_8^{2+} und Te_8^{2+}. Nehmen sie an ein Achtring aus Chalkogenen (z. B. Cyclooctaschwefel, S_8) hätte an der 1. und 5. Position ein Elektron weniger, also eine positive Ladung, was würde sich unter Verwendung von LEWIS-Formeln für eine Struktur ergeben, wenn das Molekül diamagnetisch ist?
- Welches sind die unter Standardbedingungen stabilsten Modifikationen der Chalkogene O, S, Se und Te? Wie zeigt sich hier der Übergang vom Nichtmetall zum Halbmetall?

H Polyoxoanionen

Hintergrund

Polyoxoanionen sind negativ geladene Spezies $A_mO_n^{k-}$, die aus mehreren, durch Sauerstoff verbrückte Kationen (A) bestehen. Die Verknüpfung der Kationen kann über OH^-- oder O^{2-}-Ionen stattfinden, die in Kondensationsreaktionen unter Abspaltung von Wasser entstehen. Zahlreiche natürliche und synthetische Beispiele dieser Verbindungsklasse sind bekannt, wobei das Kation A sowohl ein Nichtmetall (z.B Polyphosphate) als auch ein Metall (Polyoxometallate) sein kann. Die negativ geladenen Molekülanionen sind meist aus oktaedrischen oder tetraedrischen Baueinheiten, in einigen Fällen auch aus einer Mischung dieser Geometrien aufgebaut, die über gemeinsame Ecken und Kanten, sehr selten auch über Flächen verknüpft sind. Welche Baueinheit vorliegt und wie diese verknüpft werden, hängt besonders von der Größe und der Ladung von A ab.

Polyoxoanionen mit tetraedrischen Baueinheiten sind meist eckenverknüpft, wobei je nach Baueinheit Ketten, Ringe, Bänder, Schichten oder dreidimensionale Gerüste gebildet werden können. Eine solche Vielfalt an Verknüpfungsmustern wird beispielsweise in Silicaten beobachtet, einem Hauptbestandteil vieler Gesteine der Erdkruste. Die Bildung von Polyphosphaten, die aus eckenverknüpften P-O-Tetraedern aufgebaut sind, spielt eine wichtige Rolle als Energiespeicher in biologischen Prozessen, wobei Adenosintriphosphat (ATP) gebildet oder zersetzt wird. Polyphosphate werden auch zur Wasserenthärtung sowie als Lebensmittelzusatzstoff (E 452), als Komplexbildner, Stabilisator oder Schmelzsalz eingesetzt.

Polyoxoanionen mit Metallatomen als Zentralatom werden als Polyoxometallate bezeichnet. Es handelt sich dabei um mehrkernige Oxido-Komplexe, welche – zusammen mit Polyoxokationen – ebenfalls eine große Klasse von Verbindungen umfassen, die in der Chemie wässriger Metallsalzlösungen beobachtet werden. Polyoxometallate zeigen eine große Vielfalt an Strukturen und chemischen Eigenschaften, die vor allem für Anwendungen in der Katalyse, aber auch in den Materialwissenschaften sowie der Bio- und Nanotechnologie von Interesse sind.

Die Chemie wässriger Metallsalzlösungen ist äußerst komplex! Viele Metallaqua-Komplexe $[M^x(H_2O)_y]^x$ reagieren in wässriger Lösung als zum Teil starke **Kationensäuren**. Die durch Deprotonierung der Wasserliganden gebildeten Komplexe $[M^x(H_2O)_{y-z}(OH)_z]^{(x-z)}$ können Kondensationsreaktionen eingehen. Weist das Kondensationsprodukt verbrückende OH-Gruppen auf (M–(OH)–M), spricht man von einer **Olation**; bei M–O–M-Brücken von einer **Oxolation**. Die Säurestärke sowie die Bildung von **Kondensation**sprodukten ist stark vom Metall, dessen Ladung (Oxidationsstufe) und dem pH-Wert der Lösung abhängig. Die Aquakomplexe hochgeladener Kationen wie z. B. Mn^{VII} und Cr^{VI} sind in wässrigen Systemen vollständig deprotoniert, es liegen daher Lösungen von $[MnO_4]^-$ und $[CrO_4]^-$ vor. Erst unter sauren Reaktionsbedingungen, bei denen im Fall von Chrom $[CrO_3(OH)]^-$ gebildet wird, beobachtet man die Oxolation zu Dichromationen $[Cr_2O_7]^{2-}$. Unter stark sauren Bedingungen findet eine weitere Kondensation über Trichromat und Tetrachromat zu höherkondensierten Polychromaten statt. In konzentrierter Schwefelsäure fällt schließlich CrO_3 aus, welches aus Ketten eckenverknüpfter Tetraeder besteht. Vor allem für hochgeladene Ionen der Gruppen 5 und 6 des Periodensystems (V, Nb, Ta, Mo, W) findet man dreidimensionale, molekulare Kondensationsprodukte, wobei speziell in sauren Lösungen Metall-Sauerstoff-Cluster beobachtet werden. Diese sind aufgrund des größeren Ionenradius der Metalle meist aus verknüpften MO_6-Polyedern aufgebaut.

Weisen **Polyoxoanionen** nur eine Sorte Zentralatome auf, so werden diese **Isopolyanionen** genannt. Im Gegensatz dazu enthalten **Heteropolyanionen** noch mindestens ein weiteres Element. Diese Verbindungsklasse ist außerordentlich vielseitig: in der Literatur wurde bereits über den Einbau von über 70 Elementen als Heteroatome in Polyoxoanionen berichtet. Im Allgemeinen zeichnen sich Heteropolyanionen im Vergleich zu Isopolyanionen oft durch eine erhöhte Stabilität aus.

Das erste Polyoxometallation, dessen Struktur mittels Röntgenbeugungsuntersuchung aufgeklärt werden konnte, war das Heteropolyanion $[PW_{12}O_{40}]^{3-}$, welches nach seinem Entdecker als KEGGIN-Ion bezeichnet wird. Dieses Anion ist aus 12 ecken- und kantenverknüpften WO_6-Polyedern aufgebaut, in deren Mitte sich ein tetraedrisch umgebenes P-Atom befindet. Da die korrekte Nomenklatur der Polyoxometallate sehr kompliziert ist, werden häufig auftretende Polyoxometallarchitekturen oft nach ihren Entdeckern benannt, wie im Fall der ANDERSON-, DAWSON- oder KEGGIN-Ionen. Eine weitere Möglichkeit der Namensgebung richtet sich nach der Anzahl der in den Metallsauerstoff-Clustern auftretenden Metallionen, wie zum Beispiel im Fall des Dekavanadat-Ions ($[V_{10}O_{28}]^{6-}$).

Im Rahmen des Praktikums werden zur Bildung von Heteropolyanionen vor allem Kondensationsreaktionen in Lösung durchgeführt (H1, H2, H3, H5). Solche Reaktionen führen zu einem komplexen System aus Säure-Base- und Kondensationsgleichgewichten. Außerdem sind viele der gebildeten Polyoxometallationen in ihren protonierten Formen selbst starke Säuren. Es ist daher für eine erfolgreiche Synthese von größter Wichtigkeit, sowohl pH-Werte als auch Konzentrationen der Reaktanden genau einzuhalten. Die pH-Wert-Kontrolle erfolgt dabei oft dadurch, dass die Synthesen in gepufferter Lösung stattfinden. Am Ende der Reaktionen können die Polyanionen dann in Anwesenheit entsprechender Kationen in Form definierter Salze isoliert werden.

Im Gegensatz dazu wird in Versuch H4 eine lösungsmittelfreie Darstellung eines Polyphosphates bei hoher Temperatur durchgeführt, wobei die Edukte unter Wasserabspaltung polymerisieren. Diese Reaktion ist im Vergleich zu Umsetzungen in Lösung wesentlich weniger definiert, sodass ein Gemisch von Reaktionsprodukten mit unterschiedlichen Kettenlängen gebildet wird.

Allgemeine Vorbereitungsfragen:
- Zeichnen Sie jeweils zwei ecken-, kanten- und flächenverknüpfte Tetraeder und Oktaeder! Erklären Sie welche Verknüpfungsart in Abhängigkeit der Ladung des Zentralteilchens am günstigsten ist!
- Welche Metalle bilden Polyoxoanionen?
- Was sind Gemeinsamkeiten und Unterschiede bei der Bildung von Di- und Polyphosphaten im Vergleich zum Chromat-/Dichromat-Gleichgewicht?
- Wie lassen sich Kondensationsreaktionen unterscheiden? Welche Rolle spielt dabei der pH-Wert?
- Erklären Sie folgende Begriffe: Oxosäure, Isopolysäure, Heteropolysäure, KEGGIN-Ion, Olation, Oxolation, basische/saure/amphotere Metalloxide, Polyoxometallat, Meta-/Orthosäuren, Puffer!

Präparat H1 – Ammonium-6-molybdoniccolat(II)-Pentahydrat, $(NH_4)_4[NiMo_6O_{24}H_6] \cdot 5\,H_2O$ (*leicht*)

Durchführung: $2\,g$ Ammoniumheptamolybat-Tetrahydrat $((NH_4)_6[Mo_7O_{24}] \cdot 4\,H_2O)$ werden in $20\,mL$ Wasser gelöst und zum Sieden erhitzt. Nun wird unter Rühren langsam eine Lösung von $0.25\,g$ Nickel(II)-sulfat-Hexahydrat $(NiSO_4 \cdot 6\,H_2O)$ in $15\,mL$ Wasser zugetropft. Die Farbe der Lösung ändert sich von grün über blaugrün nach gelbgrün. Es wird noch 10 min gekocht und dann filtriert. Nach Zugabe von $1\,g$ Ammoniumchlorid (NH_4Cl) zum heißen Filtrat lässt man abkühlen. Das auskristallisierte Produkt wird abfiltriert, mit Wasser gewaschen und an der Luft getrocknet.

Eigenschaften: hellblaue Kristalle

Vorbereitungsfragen:
- Bestimmen Sie die Oxidationsstufe von Molybdän im Produkt!
- Wie kann die Struktur des Molybdänedukts beschrieben werden?
- Formulieren Sie eine Reaktionsgleichung für die Bildung des Edukts aus $[MoO_4]^{2-}$! Was für Reaktionsbedingungen fördern die Bildung von Polymolybdaten?

– Es ist bei dieser Synthese nicht möglich, statt der Ammonium- die analogen Kaliumsalze einzusetzen, obwohl NH_4^+ und K^+ ähnliche Ionenradien besitzen. Warum? *Tipp*: Welche Wechselwirkungen treten auf?

Präparat H2 – Ammonium-10-vanadodimanganat(II)-Dodekahydrat, $(NH_4)_2[Mn_2V_{10}O_{28}] \cdot 12\,H_2O$ (*leicht*)

Durchführung: 1.75 g Ammoniummetavanadat (NH_4VO_3) werden in 50 mL Wasser suspendiert und über Nacht gerührt, um eine klare Lösung zu erhalten. Nun werden 1.1 g Ammoniumacetat ($NH_4(CH_3COO)$) hinzugefügt. Die so erhaltene Lösung wird tropfenweise und unter gutem Rühren mit 0.9 mL Eisessig (CH_3COOH) versetzt, wobei sich die Lösung orange färbt. Nun wird noch 0.7 g Mangan(II)-sulfat-Hydrat ($MnSO_4 \cdot H_2O$) in 2 mL Wasser gelöst und ebenfalls zu der vorher hergestellten Mischung gegeben. Diese wird auf ein Volumen von ca. 30 mL eingedampft und dann abgekühlt. Dabei scheiden sich Kristalle des Produkts ab, die abfiltriert und im Exsikkator getrocknet werden.

Eigenschaften: braune bis rotbraune Nadeln

Vorbereitungsfragen:
– Bestimmen Sie die Oxidationsstufen von Vanadium und Mangan in den Edukten und im Produkt!
– Was für eine Struktur hat das Anion im Edukt Ammoniummetavanadat im Festkörper? *Tipp*: Es enthält VO_4-Tetraeder.
– Ein weiteres wichtiges Polyvanadat ist das Dekavanadat-Anion – aus welchen Einheiten ist es aufgebaut und wie kann seine Struktur beschrieben werden?
– Wofür werden Vanadiumsauerstoffverbindungen in industriellen Prozessen eingesetzt?

Präparat H3 – Ammonium-10-molybdodicobaltat(III)-Dekahydrat, $(NH_4)_6[Co_2Mo_{10}O_{36}] \cdot 10\,H_2O$ (*mittel*)

Durchführung: 2.7 g Ammoniumheptamolybat-Tetrahydrat ($(NH_4)_6[Mo_7O_{24}] \cdot 4\,H_2O$) werden in 8 mL H_2O gelöst und dann unter Rühren mit einer Lösung von 0.55 g Cobalt(II)-acetat-Tetrahydrat ($Co(CH_3COO)_2 \cdot 4\,H_2O$) in 15 mL H_2O versetzt. Die anfänglich farblose Molybdatlösung färbt sich dabei rot. Das Reaktionsgemisch wird nun mit 1.15 g gekörnter Aktivkohle versetzt; anschließend werden langsam 3.6 mL Wasserstoffperoxidlösung (H_2O_2, 18 %-ig, c = 6 mol/L) zugegeben. Die Mischung wird nun zum Sieden erhitzt, bis die Gasentwicklung beendet ist und die Reaktionslösung eine dunkelgrüne Farbe angenommen hat. Man engt die Mischung auf die Hälfte ihres ursprünglichen Volumens ein und filtriert heiß. Nach Kühlen im Kühlschrank über Nacht fallen Kristalle aus, welche abgesaugt und im Vakuumexsikkator über $CaCl_2$ über Nacht getrocknet werden.

Eigenschaften: körnige, dunkelgrüne Kristalle

Vorbereitungsfragen:
- Bestimmen Sie die Oxidationsstufen von Molybdän und Cobalt in den Edukten und im Produkt!
- Wie kann die Struktur des Molybdänedukts beschrieben werden?
- Welches Gas entsteht bei der Synthese – erklären Sie die Gasbildung mit einer Reaktionsgleichung!
- Formulieren Sie eine Reaktionsgleichung für die Bildung des Edukts aus $[MoO_4]^{2-}$! Was für Reaktionsbedingungen fördern die Bildung von Polymolybdaten?

Präparat H4 – KURROLsches Natriumpolyphosphat, $(NaPO_3)_x$ *(mittel)*

Durchführung: 4.2 g Natriumhydrogenphosphat (Na_2HPO_4) und 0.8 g Ammoniumdihydrogenphosphat $(NH_4H_2PO_4)$ werden gemischt, in einen Tiegel gefüllt und im Muffelofen für 2 h auf 800–900 °C erhitzt. Danach wird langsam über mehrere Stunden auf 550 °C abgekühlt. Hierbei erstarrt die Schmelze fast vollständig zu einem faserartigen Produkt. Die faserige Masse wird zerkleinert, mehrmals mit Wasser, dann mit Alkohol und Äther gewaschen und an der Luft getrocknet.

Eigenschaften: Das KURROLsche Natriumpolyphosphat weist eine ausgesprochene Faserstruktur auf. Es lässt sich in der Reibschale nicht pulvern.

Vorbereitungsfragen:
- Welche Strukturen haben lineare und zyklische Polyphosphate mit $x = 4$? Zeichnen Sie jeweils LEWIS-Formeln!
- Welche gasförmigen Produkte entstehen bei der Synthese?
- Wo werden Polyphosphate kommerziell in großem Stil verwendet?
- Welche Polyphosphate sind für das Leben zentral wichtig?

Präparat H5 – 12-Wolframophosphorsäure-Hydrat, $H_3[PW_{12}O_{40}] \cdot x\ H_2O$ *(schwer)*

Durchführung: Eine Lösung von 5 g Natrium(ortho)wolframat-Dihydrat $(Na_2WO_4 \cdot 2\,H_2O)$ in 8 mL Wasser wird in einem 50-mL-Erlenmeyerkolben mit 2.5 g Natriumhydrogenphosphat-Dodekahydrat $(Na_2HPO_4 \cdot 12\,H_2O)$ versetzt und bis zur völligen Auflösung des Salzes erhitzt. Bei ca. 80 °C muss nun vorsichtig bis zur Bildung einer Kristallhaut und keinesfalls zur Trockne eingedampft werden. Dann werden unter Rühren langsam 4 mL konzentrierte Salzsäure (HCl, 37 %-ig, $c = 12\,mol/L$) zugegeben (ein vorübergehend auftretender Niederschlag löst sich wieder auf) und erneut bis zur Bildung einer Kristallhaut eingeengt.

Die Flüssigkeit samt den ausgeschiedenen Kristallen wird nach dem Abkühlen im Eisbad in einen Scheidetrichter überführt. Es wird portionsweise so viel eiskalter Diethylether zugegeben (*Achtung*: nach jeder Zugabe schütteln und Überdruck vorsichtig ablassen!) bis sich drei Schichten bilden: eine untere, ölig-etherische Lösung von $H_3[PW_{12}O_{40}]$, eine mittlere, wässrige sowie eine obere, aus überschüssigem Ether bestehende Phase. Die untere Schicht wird abgetrennt und der Ether am Rotationsverdampfer mit leichtem Unterdruck abdestilliert. Das Produkt lässt sich nun durch Umkristallisation aus wenig heißem Wasser (<3 mL) erhalten.

Eigenschaften: in Wasser leicht lösliche, gelbe oder gelbgrüne Kristalle

I Verbindungen mit Nanostrukturen

Hintergrund

Ein Nanometer entspricht einem Milliardstel eines Meters (10^{-9} m) bzw. 10 Ångström ($1\,\text{Å} = 10^{-10}$ m). Bedenkt man, dass Atomabstände in chemischen Verbindungen im Bereich von 1–3 Å liegen, lässt sich daraus schnell erkennen, dass die Verknüpfung weniger Atome ausreicht, um nanoskalige Partikel herzustellen. Andererseits können Atome aber auch so verknüpft werden, dass Kanäle und Hohlräume entstehen, deren Durchmesser im Nanometer-Bereich liegen. Man spricht dann von porösen Materialien.

Kleine Partikel werden schon seit langer Zeit untersucht. Ein Forschungszweig, der sich seit Mitte des 19. Jahrhunderts mit solchen Objekten beschäftigt, ist die Kolloidchemie, mit der sich bekannte Forscher wie FARADAY, TYNDALL, RAYLEIGH oder OSTWALD befasst haben. Die **Kolloidchemie** behandelt die Darstellung und die Eigenschaften von Systemen, in denen eine fein verteilte (dispergierte) Phase mit Partikeldurchmessern von < 1 μm (in mindestens einer Dimension) in einem Dispersionsmittel verteilt ist. Die dispergierte Phase sowie das Dispersionsmittel können dabei auch in unterschiedlichen Aggregatzuständen vorliegen, wobei **Dispersionen** (fest/flüssig), Emulsionen (flüssig/flüssig) und Aerosole (flüssig/gas oder fest/gas (Rauch)) die bekanntesten Vertreter kolloidaler Systeme sind. Werden die Teilchen nun so klein, dass sich die Eigenschaften der dispergierten Substanz deutlich von denen eines ausgedehnten Systems unterscheiden, spricht man von **Nanochemie**. Somit kann die Nanochemie als ein Teil der Kolloidchemie angesehen werden.

Was ist nun so interessant an Verbindungen mit kolloidalen Dimensionen oder Nanostrukturen? Zum einen zeigen einige Stoffe Eigenschaften, die stark von der **Partikelgröße** abhängen. So haben beispielsweise Cadmiumsulfid- oder Gold-Nanopartikel je nach Teilchengröße unterschiedliche Farben. Die Eigenschaften poröser Verbindungen beruhen darauf, dass die Porendurchmesser ähnliche Dimensionen aufweisen wie kleine Moleküle. Je nach Porengröße können daher in porösen Materialien Gase adsorbiert oder auch Moleküle voneinander getrennt werden. Kolloidale Systeme und Materialien mit Poren in molekularen Dimensionen spielen daher wegen ihrer außergewöhnlichen Eigenschaften auch im Alltag eine wichtige Rolle, z. B. als Katalysatoren, Adsorbentien, Additive in der Nahrungsmittelindustrie, Proteine im Blut, Öltröpfchen in Milch, Hautcremes, Seifen, Lacken, Kunstfasern u. v. m.

Die Synthese kolloidaler Partikel und Nanopartikel kann prinzipiell auf zwei Wegen geschehen: bei einem „**top-down**"-Prozess werden große Partikel zerkleinert, bei „**bottom-up**"-Prozessen werden aus Atomen, Ionen und Molekülen größere Partikel aufgebaut. Diese Reaktionen können sowohl in Lösungen als auch in der Gasphase ablaufen. Wichtig ist dabei aber immer, die Reaktionsführung so zu gestalten, dass Partikel nicht weiterwachsen bzw. aggregieren können und die Größe so auf den gewünschten Bereich begrenzt werden kann. Außerdem müssen die Partikel meist stabilisiert werden, um ein Zusammenlagern (Koagulation) zu verhindern. In Reaktionen aus Lösungen kann dies erreicht werden, wenn die Partikel Oberflächenladungen aufweisen. Aufgrund solcher Ladungen stoßen sich die Partikel dann untereinander ab, es findet also eine elektrostatische **Stabilisierung** statt. Eine andere Möglichkeit, Partikel zu stabilisieren, ist die Anlagerung großer organischer Gruppen an den Teilchenoberflächen.

In diesem Praktikum haben wir für die Darstellung von Verbindungen mit Nanostrukturen ausschließlich Synthesen in Lösungen ausgewählt, wobei jeweils ein „bottom-up"-Ansatz verfolgt wird. In den Versuchen I1–I3 werden dabei durch Fällungsreaktionen **Sole** (kolloidale Dispersionen, oft auch „kolloidale Lösungen" genannt) hergestellt. Liegen nur geringe Konzentrationen der Nanopartikel vor, lassen sich diese gut durch ihre Lichtstreuung basierend auf dem Tyndall-Effekt nachweisen. Dies ist eine einfache Methode, um echte von kolloidalen Lösungen zu unterscheiden. Bei höheren Konzentrationen liegen dagegen oft milchige Dispersionen vor und bei der Bildung größerer Partikel wird sogar ein Absetzen der Teilchen (Sedimentation) beobachtet.

In einigen Fällen gelingt es, Reaktionsprodukte mit sehr kleinen Teilchengrößen zu isolieren, ohne dass die Partikel weiterreagieren. So werden im Versuch I7 **Nanopartikel** von Titandioxid hergestellt, einem der am häufigsten eingesetzten Nanomaterialien. Je nach Partikelgröße wird TiO_2 als UV-Schutz, als Lebensmittelzusatz oder auch in selbstreinigenden Oberflächen eingesetzt. Die Darstellung von TiO_2-Nanopartikeln gelingt bei Präparat I7 durch langsame, kontrollierte Fällung, wobei kein stabiles Sol gebildet wird, sondern ein Niederschlag aus Nanopartikeln entsteht.

Die Produkte der Präparate I4, I5 und I6 sind poröse Verbindungen mit Kanälen und Hohlräumen von weniger als 1 nm Durchmesser. In diesen Synthesen werden Alumosilicate mit Gerüststrukturen dargestellt. Dies ist eine Verbindungsklasse, von der sowohl natürliche als auch synthetische Vertreter bekannt sind. Durch Eckenverknüpfung von TO_4-Tetraederbaueinheiten (mit T = Si, Al) werden Gerüste der allgemeinen Zusammensetzung $M_{x/n}^{n+}[(AlO_2)_x^-(SiO_2)_y] \cdot z\ H_2O$ gebildet. Wie die Summenformel zeigt, bestimmt die Menge x an eingebauten Al^{3+}-Ionen die negative Gesamtladung des Gerüsts und somit die Menge an zusätzlich zur Gerüststruktur eingebauten Kationen. Besonders bekannt sind aus dieser Substanzfamilie die **Zeolithe**, poröse Alumosilicate mit max. 1.8 nm Porendurchmesser. Die Synthese von Zeolithen findet meist in Lösung statt. Die Herkunft der Edukte, die Zusammensetzung der Reaktionsmischungen und die Reaktionsbedingungen müssen dabei sehr genau eingehalten werden, da kleine Abweichungen bereits zu dichten (unporösen) Phasen oder anderen Zeolithen führen können. Daher hat die IZA (*International Zeolite Association*) einen Katalog von Synthesevorschriften veröffentlicht, in dem weltweit etablierte Darstellungen detailliert angegeben sind. Die beiden hier vorgestellten Zeolithsynthesen geben solche standardisierte Angaben in verkürztem Wortlaut wieder, um an diesen Beispielen ganz allgemein auch die Notwendigkeit einer Normierung für technisch wichtige Produkte zu verdeutlichen.

Ein besonderes Beispiel unter diesen porösen Alumosilicaten ist Ultramarin (Präparat I6), ein synthetischer Vertreter der Sodalith-Struktur. Anders als klassische Zeolithe enthält Ultramarin Schwefel-Radikalanionen (S_2^-, S_3^-) in den Poren, die für seine charakteristische blaue Farbe verantwortlich sind. Ultramarin wird dabei nicht nur wegen seiner Farbgebung, sondern auch aufgrund seiner chemischen und thermischen Stabilität in der Industrie verwendet. Die Synthese erfolgt ebenfalls unter kontrollierten Bedingungen, wobei neben den Alumosilicaten gezielt Schwefelquellen zur Ausbildung der Farbzentren hinzugefügt werden.

Allgemeine Vorbereitungsfragen:
- Wie groß ist ungefähr ein Benzol- bzw. ein C_{60}-Molekül?
- Warum macht es für die Eigenschaften vieler Stoffe einen großen Unterschied, wenn die Teilchen nur noch Größen auf der Nanometer-Skala erreichen?
- Warum ist der Schmelzpunkt bei sehr kleinen Teilchen abhängig von der Partikelgröße?
- Erklären Sie folgende Begriffe: Nanometer, Sol, Gel, echte Lösung, Dispersion, Suspension, Emulsion, TYNDALL- Effekt, koagulieren, peptisieren, elektrostatische Stabilisierung, mikroporöse Materialien, Silicate, Zeolithe!

Präparat I1 – Schwefelsol *(mittel)*

Durchführung: Zu Beginn der Synthese werden zuerst zwei getrennte Lösungen hergestellt: eine von 7.2 g Natriumsulfit-Heptahydrat ($Na_2SO_3 \cdot 7\,H_2O$), die andere von 6.4 g Natriumsulfid-Nonahydrat ($Na_2S \cdot 9\,H_2O$), beide in je 50 mL Wasser. Die gesamten 50 mL Natriumsulfidlösung gibt man nun in einen 250-mL-Zweihalskolben, fügt zuerst aber nur 1.5 ml der Natriumsulfitlösung hinzu. Zu der so erhaltenen Mischung wird über einen Tropftrichter unter ständigem Rühren so lange tropfenweise ein Gemisch aus 10 mL destilliertem Wasser und 2.7 g konzentrierter Schwefelsäure (H_2SO_4) gegeben, bis eben noch keine Trübung auftritt (meist benötigt man ca. 8 mL). Die restlichen 48.5 mL Na_2SO_3-Lösung werden nun mit 5.5 g konzentrierter Schwefelsäure (H_2SO_4) versetzt und dann langsam und unter ständigem Rühren in die Reaktionsmischung gegossen. Nun lässt man die Mischung 1 h verschlossen stehen und filtriert dann durch einen Faltenfilter. Den Niederschlag wäscht man im Filter mit ca. 100 mL Wasser und lässt dann weitere 300 mL Wasser durch den Niederschlag in ein frisches Becherglas laufen, wobei Teile des zuvor ausgefallenen kolloidalen Niederschlags wieder in Lösung gehen (Peptisation). Von der so erhaltenen, gelblich-weißen, kolloidalen Lösung (Dispersion) werden nun nur 10 mL entnommen und in 300 mL Wasser gegossen. Nach 24 h kann ein eventuell entstandener, geringer Bodensatz durch Filtration entfernt werden.

Eigenschaften: rötlich opaleszierendes Sol, das wochenlang haltbar ist. Man überprüfe die Bildung des Sols durch Lichtstreuung (Laserpointer).

Vorbereitungsfragen:
- Welche chemische Reaktion läuft bei der Bildung des Schwefelsols ab? Formulieren Sie eine Reaktionsgleichung! Wie heißt dieser Reaktionstyp allgemein?
- Nennen Sie wichtige Modifikationen von elementarem Schwefel! Wie sind die Schwefelatome in diesen Modifikationen miteinander verknüpft? Was ist plastischer Schwefel?
- Warum ist es keineswegs selbstverständlich, dass das Sol „wochenlang haltbar ist"?

Präparat I2 – Sol von Fe(OH)$_3$ *(leicht)*

Achtung: Für die erweiterte Variante dieses Versuchs wird Sb$_2$S$_3$-Sol (Präparat I3) benötigt. Bitte absprechen!

Durchführung: a) *Grundversuch:* Zunächst werden folgende zwei Lösungen hergestellt:
Lösung I: 0.3 g Ammoniumcarbonat ((NH$_4$)$_2$CO$_3$) in 50 mL Wasser.
Lösung II: 0.4 g Eisen(III)-chlorid-Hexahydrat (FeCl$_3$ · 6 H$_2$O) in 50 mL Wasser.
Falls die Lösungen nicht klar sind, muss jeweils noch filtriert werden. In einem 250-mL-Zweihalskolben wird nun Lösung II vorgelegt und dann etwa 25 mL der Lösung I langsam durch einen Tropftrichter unter Rühren zugegeben. Von der entstandenen Mischung wird mit einer Pipette etwa ein Zehntel (ca. 7.5 mL) entnommen und vorerst zurückbehalten. Zum übrigen Teil der Mischung wird tropfenweise weiter Lösung I zugefügt, bis sich die an der Eintropfstelle bildende Trübung von Eisen(III)-hydroxid auch nach einigen Minuten Wartezeit nicht mehr auflöst. Zur völligen Auflösung wird nun unter Rühren wieder ein Teil der vorher abgetrennten Mischung zugegeben. Sollte die so erhaltene Lösung Trübungen enthalten, so sind diese durch Filtration zu beseitigen.
b) *erweiterte Variante des Versuchs zusammen mit einer Gruppe, die Präparat I3 hergestellt hat:* Die erhaltenen Sole von Fe(OH)$_3$ und Sb$_2$S$_3$ werden in Portionen von jeweils ca. 20 mL aufgeteilt. Man gebe nun tropfenweise Fe(OH)$_3$-Sol zu Sb$_2$S$_3$-Sol (und umgekehrt) und notiere jeweils Farbe und Verhalten der Gemische!
Eigenschaften: Die Bildung kolloidaler Lösungen wird in allen drei Fällen mithilfe eines Laserpointers überprüft (TYNDALL-Effekt).

Vorbereitungsfragen:
- Lösung I ist schwach basisch, Lösung II sauer – warum?
- Über welche Zwischenschritte verläuft die Bildung von Fe(OH)$_3$ aus einer FeCl$_3$-Lösung?
- Welche Summenformeln weisen die Erze Magnetit und Hämatit auf?
- Sowohl die Zugabe starker Base als auch starker Säure zu Lösung I führt zu Gasentwicklung. Welche Gase entstehen? Stellen Sie die entsprechenden Reaktionsgleichungen auf!

– Warum wird in Lösung I $(NH_4)_2CO_3$ und nicht NaOH als Base eingesetzt?
– Was passiert, wenn $Fe(OH)_3$-Sol und Sb_2S_3-Sol gemischt werden?

Präparat I3 – Sol von Sb_2S_3 *(mittel)*

Achtung: Sowohl Schwefelwasserstoff als auch Antimon(III)-Salze sind sehr giftig! Für die erweiterte Variante dieses Versuchs wird $Fe(OH)_3$-Sol (Präparat I2) benötigt. Bitte absprechen!

Durchführung: a) *Grundversuch:* 0.3 g Kaliumantimon(III)-tartrat-Trihydrat $(K_2Sb_2(C_4H_2O_6)_2 \cdot 3 H_2O$, „Brechweinstein") werden in 100 mL Wasser gelöst. Über die Lösung leitet man nun aus einem Kippschen Apparat, welcher zuvor zur H_2S-Erzeugung mit FeS-Stangen und halbkonzentrierter Salzsäure (HCl, c = 6 mol/L) befüllt wurde (Abb. 2.17), vorsichtig einen sehr schwachen H_2S-Strom. Um eine Aus-flockung zu vermeiden, darf dies nicht zu lange dauern – im Normalfall genügen etwa 5 min.
b) *erweiterte Variante des Versuchs zusammen mit einer Gruppe, die Präparat I2 her-gestellt hat:* Die erhaltenen Sole von $Fe(OH)_3$ und Sb_2S_3 werden in Portionen von jeweils ca. 20 mL aufgeteilt. Man gebe nun tropfenweise $Fe(OH)_3$-Sol zu Sb_2S_3-Sol (und umgekehrt) und notiere jeweils Farbe und Verhalten der Gemische!
Eigenschaften: Die Bildung kolloidaler Lösungen wird in allen drei Fällen mithilfe eines Laserpointers überprüft (TYNDALL-Effekt).

Vorbereitungsfragen:
– Formulieren Sie die Reaktionsgleichung für die Bildung von Sb_2S_3 in dieser Synthese! Warum ist hier keine Kontrolle des pH-Werts z. B. über eine Pufferlösung erforderlich?
– Was sind Tartrate? Warum ist es vorteilhaft, für diese Synthese von der hier eingesetzten, etwas exotischen Quelle für Antimon(III) auszugehen?
– Worauf beruht die den Brechreiz auslösende und worauf die toxische Wirkung von Kaliumanti-mon(III)-tartrat?
– Was ist „normaler" Weinstein?
– Sb_2S_3 ist auch in der qualitativen Analyse von Bedeutung – wofür und wie wird es dort gebildet? Warum entsteht unter „analytischen Bedingungen" kein Sol?
– Was passiert, wenn $Fe(OH)_3$-Sol und Sb_2S_3-Sol gemischt werden?

Präparat I4 – Zeolith A *(mittel)*
Die Vorschrift für die folgende Synthese ist der Originalwortlaut des Eintrages für Zeolith A („Linde Type A") von der Homepage der *International Zeolite Association* (www.iza-online.org) und stellt eine standardisierte Syntheseprozedur dar. Der Ansatz ist auf eine Ausbeute von 3 g umzurechnen.
source materials: deionized water, sodium hydroxide (99+% NaOH), sodium alumi-nate $(NaO_2 \cdot Al_2O_3 \cdot 3 H_2O)$, sodium metasilicate $(Na_2SiO_3 \cdot 5 H_2O)$

batch preparation (for 10 g dry product):

(1) [80 mL water + 0.723 g sodium hydroxide], mix gently until NaOH is completely dissolved. Divide into two equal volumes in polypropylene bottles

(2) [One-half of (1) and 8.3 g sodium aluminate], mix gently in capped bottle until clear

(3) [Second half of (1) and 15.48 g sodium metasilicate], mix gently in capped bottle until clear

(4) [(2) and (3)], pour silicate solution into aluminate solution quickly; a thick gel should form. Cap tightly and mix until homogenized

crystallization: vessel: 100–150 mL polypropylene bottle (sealed), temperature: 99 ± 1 °C, time: 3–4 hours, agitation: stirred or unstirred

product recovery:

(1) remove from heat source and cool to below 30 °C

(2) filter to recover solids and wash with deionized water until filtrate pH is below 9

(3) dry product on filter paper and watch glass at 80–110 °C overnight

batch composition: 3.165 Na_2O: Al_2O_3: 1.926 SiO_2: 128 H_2O

Eigenschaften: farbloses Pulver, Kristallitgröße ~3 µm

Vorbereitungsfragen:
– Was sind Zeolithe und woher rührt ihr Name?
– Aus welchen Baueinheiten ist Zeolith A aufgebaut? Wie sind diese Einheiten im Zeolith A miteinander verknüpft?
– Wie groß sind die Poren von Zeolith A? Welche Moleküle passen in solche Poren?
– Nennen Sie wichtige Anwendungen für Zeolith A!
– Warum ist es wichtig und sinnvoll, international normierte Syntheserouten für Zeolithe festzulegen? Warum ist dort bewusst von einer „batch composition" und nicht von einer „chemical formula" die Rede?

Präparat I5 – NaBr-Sodalith *(mittel)*

Die Vorschrift für die folgende Synthese ist der Originalwortlaut des Eintrages für NaBr-Sodalith von der Homepage der *International Zeolite Association* (www.iza-online.org) und stellt eine standardisierte Syntheseprozedur dar. Der Ansatz ist auf eine Ausbeute von 3 g umzurechnen.

source materials: deionized water, sodium hydroxide (98.7 %), sodium bromide (99.0 %), colloidal silica (40 % SiO_2), aluminum hydroxide (99.8 %)

batch preparation (for 34 g dry product):

(1) [300 mL water and 60.0 g sodium hydroxide and 154.3 g sodium bromide], stir until dissolved

(2) [(1) and 30.0 g silica], stir rapidly, heat to 95 °C

(3) [200 mL water and 40.0 g sodium hydroxide and 15.6 g aluminum hydroxide], stir, heat at 95 °C until dissolved

(4) [add hot (3) to hot (2)], shake gel vigorously for 5 minutes

crystallization: vessel: 100 mL capped Teflon bottle, time: 24 hours, temperature: 95 °C, agitation: none

product recovery

(1) cool to ambient temperature

(2) filter using very fine filter paper

(3) wash with deionized water until bromide-free and pH ~ 7

(4) dry at 110 °C

batch composition: $Al(OH)_3$:SiO_2: 12.5 NaOH: 7.5 NaBr: 144 H_2O

Eigenschaften: farbloses Pulver, Kristallitgröße 50–500 nm

Vorbereitungsfragen:

- Was sind Sodalithe und woher rührt ihr Name?
- Aus welchen Baueinheiten ist ein Sodalith aufgebaut? Wie sind diese Einheiten im Sodalith miteinander verknüpft?
- Wie groß sind die Poren von Sodalithen? Welche Moleküle passen z. B. in solche Poren?
- Warum ist es wichtig und sinnvoll, international normierte Syntheserouten für Zeolithe festzulegen? Warum ist dort bewusst von einer „batch composition" und nicht von einer „chemical formula" die Rede?
- Wodurch wird die Farbe farbiger Sodalithe hervorgerufen? Was ist Lapislazuli?

Präparat I6 – Ultramarin, $Na_8[(AlO_2)_6(SiO_2)_6](X)_2$ (X = $S_2{}^-$, $S_3{}^-$) (*mittel*)

Durchführung: Es werden 2.60 g Kaolinit ($Al_2Si_2O_5(OH)_4$), 2.00 g Schwefel, 4.00 g Natriumcarbonat (Na_2CO_3), 0.40 g pyrogenes Siliciumdioxid („Aerosil", SiO_2) und 0.20 g Holzkohle in einem Porzellan-Mörser mindestens 15 min sorgfältig vermischt, in einen Korundtiegel gefüllt, mit 16 Lagen Alufolie umschlossen und mit einem Korunddeckel beschwert. Die Umsetzung erfolgt in einem Muffelofen oder Kammerofen im Abzug gemäß folgendem Temperaturprogramm: 1) Aufheizen: 72 °C/h auf 780 °C, Haltezeit: 6 h und 2) Abkühlen: 300 °C/h auf Raumtemperatur oder Abschalten.

Das erhaltene Produkt wird erneut gemörsert und mit 10 Gew.-% Schwefel vermischt, in einen Korundtiegel eingefüllt, wie oben ummantelt und 40 Stunden bei 600 °C umgesetzt. Das erhaltene Produkt wird fein gemörsert.

Eigenschaften: tiefblauer Feststoff

Vorbereitungsfragen:

- Stellen Sie die Reaktionsgleichung für die Synthese von Ultramarin auf, und bestimmen Sie die Oxidationsstufen aller Elemente für Edukte und Produkte!
- Welche chemischen Reaktionen spielen bei der Herstellung von Ultramarin eine Rolle? Welche Kristallstruktur hat Ultramarin?
- Wie kommt es zur charakteristischen tiefblauen Farbe des Ultramarins?
- Wie wurde das Pigment Ultramarin aus einem Halbedelstein gewonnen, bevor die Synthese bekannt war?
- Von Ultramarin existieren verschiedene Farbvarianten (blau, grün, violett, rosa). Welche chemischen Modifikationen führen zu den unterschiedlichen Farbtönen?

Präparat I7 – Titandioxid (TiO$_2$) – Nanopartikel *(mittel)*

Durchführung: 10 mL Titan(IV)-tetraisopropoxid (TTIP) werden mit einer Pasteurpipette sehr langsam über einen Zeitraum von 20 min zu 30 mL Wasser getropft, wobei man möglichst stark rührt (molares Verhältnis TTIP: H$_2$O ca. 1:50). Der ausgefallene Niederschlag wird über Nacht bei 120 °C getrocknet und danach 10 min in einem Mörser fein verrieben. Man überführt das Pulver in einen Porzellantiegel und erwärmt bei geschlossenem Tiegeldeckel mit der gelben Flamme des Bunsenbrenners für 1 h. Alternativ kann der Porzellantiegel in einem Muffelofen bei 900 °C für 1 h erhitzt werden.

Eigenschaften: weißer Feststoff. Die Korngröße des so hergestellten TiO$_2$ beträgt ~25 nm.

Vorbereitungsfragen:
- Zeichnen Sie die Struktur des Titan-Edukts und formulieren Sie eine mögliche Gleichung für die Reaktion von TTIP mit Wasser! *Achtung:* Nach heutiger Kenntnis existiert „Orthotitansäure" (H$_4$TiO$_4$) nicht! Was geschieht beim einstündigen Erhitzen auf 900 °C?
- Welche Modifikationen von Titandioxid gibt es, welche ist die bei Standardbedingungen stabilste?
- Was ist eine Bandlücke? Was sind Leiter, Halbleiter und Isolatoren?
- Wie funktionieren „selbstreinigende" Fensterscheiben mit TiO$_2$-Beschichtung?

J Großtechnische Verfahren im Labormaßstab

Hintergrund

Der Stoffchemie wird im Rahmen der Grundvorlesungen zur anorganischen und allgemeinen Chemie zusätzlich zu theoretischen Hintergründen ein hoher Stellenwert zugeschrieben. Als Teil der Stoffchemie wird zum einen das Vorkommen der Elemente in der Natur und ihre Gewinnung in elementarer Form behandelt (vgl. Präparate des Kapitels A). Darüber hinaus wird Chemikerinnen und Chemikern ein solides Grundwissen über die wichtigsten **anorganisch-chemischen Grundstoffe** vermittelt. Dabei werden neben den physikalischen und chemischen Eigenschaften dieser Stoffe auch ausführlich Methoden zu ihrer Darstellung im Labor- und Industriemaßstab behandelt. Denn obwohl viele großtechnische Verfahren im Hinblick auf technische Details oft sehr kompliziert sind, erlaubt es deren Diskussion sehr gut, thermodynamische und kinetische Aspekte chemischer Reaktionen an konkreten Beispielen zu behandeln.

Wirtschaftlich gesehen ist die Chemie global einer der wichtigsten Industriezweige. Im Jahr 2023 wurden weltweit Chemikalien im Wert von über 6 Billionen (!) Euro hergestellt, wobei etwa 60 % davon auf Grundstoffe, gut 20 % auf Fein- und Spezialchemikalien, rund 5 % auf Agrarchemikalien, 5 % auf Konsumgüter und 10 % auf Pharmazeutika entfallen. Grundstoffe spielen dabei auch mengenmäßig klar die wichtigste Rolle und zu ihnen gehören aus dem Bereich der anorganischen Substanzen zum Beispiel Chlor, Natronlauge, Schwefelsäure, Salzsäure, Ammoniak oder Natriumcarbonat.

In der technischen Chemie unterscheidet man generell zwei Vorgehensweisen der Prozessführung. Der Chargenprozess, auch **Batchprozess** genannt, ist ein diskontinuierliches Verfahren, wie wir es auch aus dem Praktikumslabor kennen. In ein und derselben Apparatur werden die einzelnen Arbeitsschritte wie Befüllen, Reaktion, Entleerung und Reinigung der Gefäße durchgeführt. Eine solche Vorgehensweise ist vor allem zur Darstellung kleinerer Mengen an Substanzen von Vorteil. Oftmals werden diskontinuierliche Prozesse zudem zur Reinigung von Ausgangsstoffen oder Produkten eingesetzt. Als Beispiele für Batchprozesse werden im Rahmen dieses Praktikums die Gewinnung von Soda (SOLVAY-Verfahren, Versuch J1), die Reinigung von Bauxit (BAYER-Verfahren, Versuch J6) und die elektrochemische Reinigung von Kupfer (Kupferraffination, Präparat J7) im Labormaßstab vorgestellt.

Will man große Mengen an Chemikalien herstellen, sind den Batchverfahren jedoch generell **kontinuierliche Verfahren** vorzuziehen. Bei ihnen strömt ein konstanter Stofffluss durch einen (häufig röhrenförmigen) Reaktor, in dem die Umsetzungen zu den Produkten stattfinden. Die für solche Prozesse meist nötigen Katalysatoren werden oft auf Trägermaterialien immobilisiert eingesetzt. Zusammen mit Stoffkonzentrationen, Druck und Temperatur stellen die eingesetzten Katalysatoren zentrale Parameter des Produktionsverfahrens dar. In der Industrie lassen sich kontinuierliche Prozesse gut von zentralen Mess- und Steuerungswarten aussteuern, wobei alle relevanten Variablen von einem kleinen Team überwacht und nachgeregelt werden können. Wichtige Beispiele für kontinuierliche Prozesse, die im Rahmen dieses Praktikums im Labor demonstriert werden, sind die Herstellung von Schwefelsäure (Kontaktverfahren, Versuch J3), Salpetersäure (OSTWALD-Verfahren, Versuch J4) und Chlor (DEACON-Prozess, Versuch J5).

Welche der vielen zur großtechnischen Darstellung von Grundchemikalien entwickelten Prozesse haben sich historisch durchgesetzt? Entscheidend waren zuerst ökonomische, heute aber auch immer stärker ökologische Aspekte. Ein Prozess bewährt sich industriell vor allem dann, wenn die benötigten Edukte gut und günstig verfügbar sind, die Reaktionsführung (Reaktionstemperatur, Reaktoren) möglichst einfach ist, die Menge an Nebenprodukten gering ist und der Prozess zudem energieeffizient realisiert werden kann. Wichtige Stichworte in diesem Zusammenhang sind hierbei Begriffe wie „**Atomökonomische Reaktionen**" und „**Grüne Chemie**".

Als Beispiel dafür sei im Folgenden die Geschichte der Darstellung von Na_2CO_3 (Soda) nach dem LEBLANC-Verfahren erwähnt. Das LEBLANC-Verfahren war eines der ersten Chemieindustrieverfahren überhaupt (entwickelt Ende des 18. Jahrhunderts), hatte aber den Nachteil, dass große Mengen unerwünschter, giftiger Nebenprodukte (HCl und CaS) gebildet werden. Als daher gut 50 Jahre später die Brüder SOLVAY ein neues Verfahren entwickelten, bei dem Dank der verbesserten Prozessführung (Rückführung von Ammoniak) nur das ungiftige Nebenprodukt Calciumchlorid anfällt, setzte sich der neue SOLVAY-Prozess schnell gegen das LEBLANC-Verfahren durch. Der im LEBLANC-Verfahren anfallende Chlorwasserstoff wurde anfangs im Abwasser entsorgt. Durch gesetzliche Bestimmungen wurde dies im 19. Jahrhundert jedoch untersagt. In Folge entwickelte Henry DEACON den nach ihm benannten Prozess zur Gewinnung von Chlor durch katalytische Oxidation von HCl. Mit Einführung des SOLVAY-Verfahrens wurde dies zunehmend bedeutungslos und heutzutage wird Chlor hauptsächlich durch Chloralkalielektrolyse wässriger Natriumchloridlösungen hergestellt.

Obwohl viele der Prozesse zur Darstellung von Grundchemikalien äußerst komplex sind und über Jahrzehnte optimiert wurden, lassen sich einige von ihnen mit relativ einfachen Mitteln in einem Praktikum nachstellen. Die in diesem Kapitel vorgestellten Versuche im Labormaßstab ermöglichen es so, an interessanten Beispielen grundlegende chemische Reaktionen zu wiederholen und darüber hinaus die Wichtigkeit technischer Prozesse in der Grundausbildung der Chemie auch ins Praktikumslabor zu tragen.

Allgemeine Vorbereitungsfragen:
– Nennen Sie fünf anorganische Industriechemikalien, die weltweit im Maßstab von mehr als einer Million Tonnen produziert werden! Wofür werden Sie eingesetzt?
– Erklären Sie folgende Begriffe: kontinuierlicher/diskontinuierlicher Prozess, Batchverfahren, Rohrreaktor, Hordenreaktor!
– Nach welchen generellen Gesichtspunkten werden großtechnische Verfahren entworfen, wenn Sie die Begriffe Stoffeffizienz, Rohstoffe, Energiebedarf und Nebenprodukte bedenken? Was verbirgt sich hinter den Begriffen „green" oder „sustainable chemistry"?

Versuch J1 – Das SOLVAY-Verfahren (*schwer*)

Durchführung: Der Versuch wird mit einer speziellen Apparatur (Abb. 4.4) durchgeführt. Sie ist zuerst unbefüllt aufzubauen und zu fixieren. Das Reaktionsrohr sollte dabei ungefähr eine Länge von 60 cm bei einem Durchmesser von ca. 3.5 cm besitzen. Zudem werden 150 mL einer Mischung aus gesättigter Kochsalzlösung (NaCl) und konzentrierter Ammoniaklösung (NH_3, 25 %-ig, $c = 13$ mol/L) im Volumenverhältnis 5:2 vorbereitet.

Der 250-mL-Zweihalskolben wird zur Hälfte mit Trockeneis gefüllt und verschlossen. Man lässt das sich dort bildende Kohlendioxid-Gas ca. 5 min lang durch die Apparatur strömen, wobei die mit Kochsalzlösung (NaCl, $c = 1$ mol/L) maximal halb gefüllte Waschflasche als Blasenzähler genutzt wird. Nun wird der obere Stopfen des Reaktionsrohrs kurz geöffnet und dieses zu etwa einem Viertel mit der NH_3/NaCl-Reaktionslösung gefüllt. Die Apparatur wird wieder verschlossen und 15–20 min lang ein kräftiger CO_2-Strom durch die Reaktionslösung geleitet (Trockeneis dafür gegebenenfalls z. B. mit einem Wasserbad vorsichtig erwärmen). Dabei ist die Fritte ständig zu beobachten, da diese durch den plötzlichen Ausfall von Natriumhydrogencarbonat verstopfen kann.

Der im Reaktionsrohr gebildete Niederschlag wird danach mit einer Nutsche abgesaugt, mit Ethanol und Ether gewaschen und eine Stunde an der Luft getrocknet. Mit dem getrockneten Niederschlag wird der aus dem qualitativen Praktikum bekannte Carbonatnachweis durchgeführt. Zusätzlich wird eine Spatelspitze des Stoffes in 5 mL Wasser gelöst und der pH-Wert bestimmt.

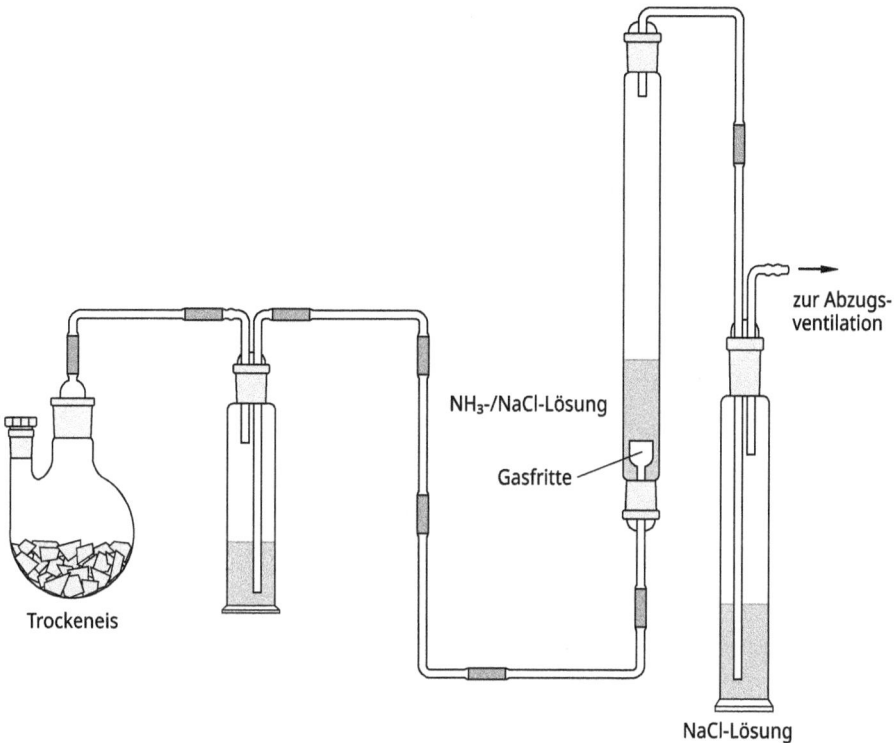

NH₃-/NaCl-Lösung

zur Abzugs-
ventilation

Gasfritte

Trockeneis

NaCl-Lösung

Abb. 4.4: Versuchsaufbau Präparat J1: SOLVAY-Verfahren.

Der übrige Niederschlag wird in einen tarierten Tiegel überführt und gewogen. Nach Erhitzen über Nacht auf 200 °C erhält man das Produkt Na_2CO_3 (Soda), das erneut gewogen wird. Man überprüfe, ob die Massendifferenz den Erwartungen entspricht und führe erneut eine „pH-Probe" durch!

Vorbereitungsfragen:
- Formulieren Sie Gleichungen für die Teilreaktionen des SOLVAY-Verfahrens sowie die für seinen historischen „Konkurrenten", das LEBLANC-Verfahren!
- Welche Ausgangsstoffe werden großtechnisch im SOLVAY-Verfahren eingesetzt und wie werden sie gewonnen? Warum ist das Verfahren für die Umwelt nicht unproblematisch?
- Warum ist in der Waschflasche kein Niederschlag zu beobachten?
- Wäre es sinnvoll anstelle der konzentrierten Ammoniaklösung konzentrierte Natronlauge zu verwenden?
- Wofür wird Soda (Na_2CO_3) verwendet?
- Warum lässt sich Pottasche (K_2CO_3) nicht über dieses Verfahren darstellen?
- Warum weisen wässrige Lösungen von NaCl, $NaHCO_3$ und Na_2CO_3 unterschiedliche pH-Werte auf. Zeigen Sie dies anhand von Reaktionsgleichungen der Ionen mit Wasser und geben sie die pKs-Werte mit an!

Versuch J2 – Der Hochofenprozess *(schwer)*

Durchführung: Eine Tonröhre ($\varnothing$ ca. 8 cm) mit einer Öffnung von ca. 1 cm wird auf einen Ziegelstein oder eine Steinplatte gestellt und mithilfe eines Stativringes fixiert (Abb. 4.5). Ein Heißluftfön wird in etwa 10 cm Entfernung von der Tonröhre montiert, sodass der Luftstrom genau in die seitliche Öffnung eintritt.

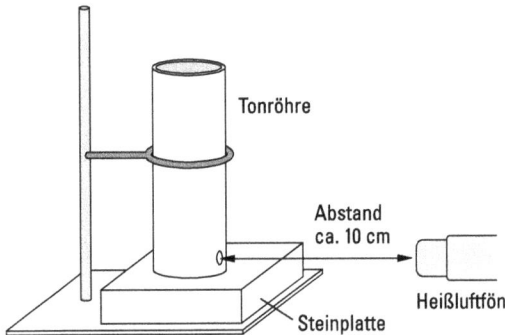

Abb. 4.5: Versuchsaufbau Präparat J2: Hochofen-Prozess.

Eine ausreichende Menge Kohlestücke (Grillkohle, ca. ein Tonrohr voll) wird in kleine Stücke zerteilt und mithilfe eines Bunsenbrenners auf einem Drahtnetz vorgeglüht. Die Tonröhre wird nun etwa zu drei Vierteln mit glühender Kohle gefüllt. Auf die Kohle gibt man 20 g Fe_2O_3, das zuvor mit (wenig!) Wasser angedickt wurde, und füllt die Röhre dann vollständig mit glühender Kohle auf. Die Röhre wird schließlich oben weitgehend mit einem flachen Stein abgedeckt, um den Funkenflug während der nachfolgenden Reaktion zu vermindern. Nun wird ca. 20–30 min ein kräftiger Heißluftstrom durch die Röhre geleitet. *Achtung*: Funkenflug! Nach dem Abkühlen wird das Feststoffgemisch aus der Tonröhre in eine Porzellanschale überführt. Das Roheisen kann nun am besten mithilfe eines Magneten von der Asche getrennt werden. Es wird mehrmals mit Wasser gewaschen und an der Luft getrocknet.

Vorbereitungsfragen:
- Beschreiben Sie den großtechnischen Hochofenprozess anhand einer Skizze und gehen Sie im Detail auf die dabei ablaufenden chemischen Reaktionen ein! Welche Rolle spielen dabei Generatorgas und BOUDOUARD-Gleichgewicht?
- Wie wird das Produkt technisch geborgen?
- Beschreiben Sie die Weiterverarbeitung von Roheisen zu Stahl! Wie unterscheiden sich ganz allgemein die vielen, technisch eingesetzten Stahlsorten?
- Warum stellt der technische Hochofenprozess einen Grenzfall zwischen Batchverfahren und kontinuierlichem Prozess dar?
- Was wird unter Diamagnetismus, Paramagnetismus, Ferromagnetismus verstanden und wie kommen diese Effekte zustande?

Versuch J3 – Das Kontaktverfahren *(schwer)*

Achtung: Schwefeloxide sind giftig und korrosiv! Abzug geschlossen halten!

Durchführung: Der Versuch wird mit einer speziellen Apparatur (Abb. 4.6) im Abzug (!) durchgeführt, sie ist zuerst aufzubauen und zu fixieren. Als Katalysator dient feinverteiltes Vanadium(V)-oxid auf Glaswolle. Als Vakuumpumpe wird eine Wasserstrahlpumpe angeschlossen – das Abgas darf **nicht** in eine Membranpumpe gezogen werden!

Nun werden ca. 5 g Schwefel in die Abdampfschale gegeben, die sich vollständig unter einem Glastrichter als Abzugsglocke befindet. Der Schwefel wird mithilfe eines Bunsenbrenners geschmolzen und entzündet. Nun saugt man das entstehende Gemisch aus Luft und Schwefeldioxid über den gelinde mit gelber Bunsenbrennerflamme erhitzten Katalysator. Ist aller Schwefel abgebrannt, lässt man die Apparatur abkühlen und untersucht die in der Waschflasche entstandene Lösung auf ihren pH-Wert. Zudem ist mit dieser Lösung der aus dem qualitativen Praktikum bekannte Sulfatnachweis durchzuführen!

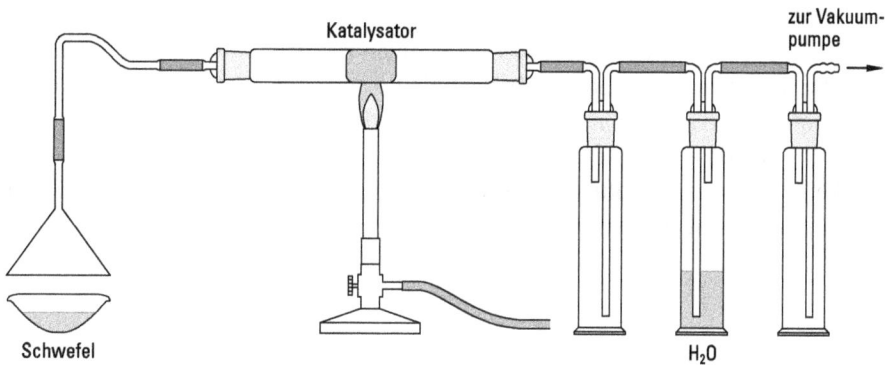

Abb. 4.6: Versuchsaufbau Präparat J3: Kontaktverfahren.

Vorbereitungsfragen:
- Welche Reaktionen laufen bei der durch V_2O_5 katalysierten Reaktion ab?
- Die Reaktion ist exotherm. Warum ist es trotzdem nötig, sie bei erhöhter Temperatur durchzuführen? Welches Produkt würde man mit diesem Versuchsaufbau ohne Katalysator erhalten und wie können Sie dieses Produkt nachweisen?
- Zeichnen Sie Lewis-Formeln der schwefelhaltigen Ausgangs-, Zwischen- und Endverbindungen!
- Beschreiben Sie anhand einer Zeichnung/Grafik das technische Kontaktverfahren zur Schwefelsäuresynthese und erläutern Sie die Reaktionsbedingungen!
- Warum ist Schwefelsäure auch ein häufiges Nebenprodukt der Metallgewinnung?

– Technisch wird das Produkt nicht durch H_2O, sondern durch konzentrierte Schwefelsäure absorbiert. Warum? Welche Verbindung entsteht (LEWIS-Formel) und wie wird dann daraus technische Schwefelsäure gewonnen? Formulieren Sie Reaktionsgleichungen!

Versuch J4 – Das OSTWALD-Verfahren *(schwer)*

Achtung: Stickoxide sind sehr giftig! Ammoniak-Sauerstoff-Gemische können (unter erhöhtem Druck) explosiv sein. Abzug geschlossen halten!

Durchführung: Der Versuch wird mit einer speziellen Apparatur (Abb. 4.7) durchgeführt, sie ist zuerst aufzubauen und zu fixieren. Als Katalysator dient platinierte Glaswolle in einem waagerecht eingespannten Glasrohr. Die mittlere Gaswaschflasche dient als Sicherheitswaschflasche, die Flasche links im abgebildeten Schema wird mit einer 1:1-Mischung von konzentriertem Ammoniak (NH_3, 25 %-ig, c = 13 mol/L) und destilliertem Wasser so hoch befüllt, dass das einleitende Glasrohr etwa 3–4 cm über der halbkonzentrierten Ammoniaklösung endet. Im Zweihalskolben (links) werden 2–3 Spatel fein pulverisiertes Mangan(IV)-oxid vorgelegt, der Tropftrichter mit Druckausgleich wird mit Wasserstoffperoxidlösung (H_2O_2, 30 %-ig, c = 10 mol/L) befüllt.

Der Katalysator wird nun für wenige Minuten mit dem Bunsenbrenner stark erhitzt. Nun tropft man etwas Wasserstoffperoxid auf das Manganoxid, um einen leichten Sauerstoffstrom zu erzeugen. Falls die Zersetzung von Wasserstoffperoxid zu heftig ist, muss die Reaktion mit einem kalten Wasserbad gekühlt werden. Wenn die Sauerstoffzufuhr zu stark ist, bilden sich im Reaktionsrohr weiße Nebel, ansonsten entsteht ein braunes Gas.

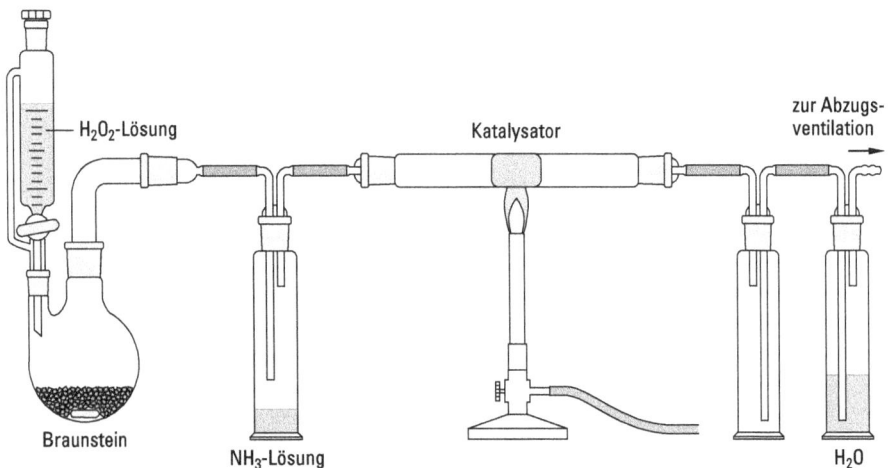

Abb. 4.7: Versuchsaufbau Präparat J4: OSTWALD-Verfahren.

Nach 10 min wird der Versuch beendet und die Gaswaschflasche mit der Ammoniaklösung sofort von der Sauerstoffzufuhr getrennt. Mithilfe von Indikatorpapier wird der pH-Wert in der Gaswaschflasche ganz rechts geprüft, zudem führt man mit einer Probe der Lösung den aus dem qualitativen Praktikum bekannten Nitratnachweis durch. *Tipp*: Es wird dafür Fe(II) benötigt.

Vorbereitungsfragen:
- Beschreiben Sie anhand einer Skizze mit Angabe der Reaktionsbedingungen die großtechnische Salpetersäuresynthese nach dem OSTWALD-Verfahren!
- Wie wird der für das OSTWALD-Verfahren benötigte Rohstoff NH_3 technisch gewonnen?
- Welche Stickstoffspezies ist für die braune Farbe des Reaktionsgases hauptsächlich verantwortlich? Welche weiteren Stickstoffverbindungen treten als Zwischenprodukte auf? Zeichnen Sie LEWIS-Formeln und formulieren Sie Reaktionsgleichungen!
- Wozu wird Salpetersäure heute hauptsächlich eingesetzt? Warum wurde die Salpetersäureproduktion zu Zeiten ihrer Erfindung als „kriegswichtig" eingestuft?

Versuch J5 – Der DEACON-Prozess *(schwer)*

Achtung: Chlorgas ist sehr giftig! Abzug geschlossen halten!

Durchführung: Der Versuch wird mit einer speziellen Apparatur (Abb. 4.8) durchgeführt, sie ist zuerst aufzubauen und zu fixieren. Als Katalysator dient Kupfer(II)-chlorid auf Bimsstein in einem waagerecht eingespannten Glasrohr, der vor dem Versuch im Trockenschrank über Nacht getrocknet werden muss. Die zweite Gaswaschflasche von links dient als Sicherheitswaschflasche, die Flasche ganz links wird mit konzentrierter Salzsäure (HCl, 37 %-ig, $c = 12$ mol/L) und die dritte Flasche von links mit konzentrierter Schwefelsäure (H_2SO_4) befüllt, gerade so, dass die Glasrohre in die Säuren eintauchen. Die Waschflasche hinter dem Reaktionsrohr wird mit einer verdünnten Kaliumiodidlösung ($c = 0.05$ mol/L) halb befüllt.

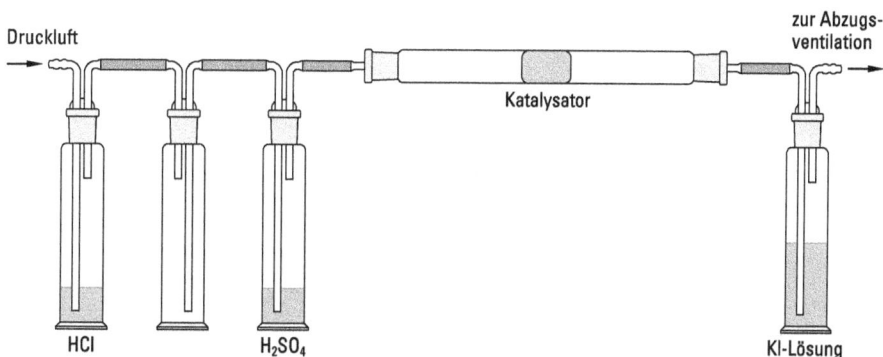

Abb. 4.8: Versuchsaufbau Präparat J5: DEACON-Prozess.

Nun wird der Katalysator mit der gelben Brennerflamme gelinde erwärmt und dann langsam Druckluft durch die Apparatur geleitet. Nach wenigen Minuten beginnt die Entwicklung von Chlorgas, worauf sich die KI-Lösung zuerst braun, dann schwarz verfärbt. Ist dies erfolgt, beendet man das Erhitzen des Katalysators und lässt die Apparatur abkühlen. Mit Teilen der Produktlösungen werden Nachweisreaktionen für Iod durchgeführt (Ausschütteln mit Dichlormethan, Versetzen mit Stärkelösung).

Vorbereitungsfragen:
- Was ist die Funktion der Schwefelsäure bei diesem Experiment?
- Deacon entwickelte sein Verfahren zur Nutzung von „Abfall" aus dem LEBLANC-Verfahren. Was wurde früher nach dem LEBLANC-Verfahren produziert?
- Heutzutage wird technisch kaum noch Chlor über den DEACON-Prozess produziert. Wie geht man stattdessen vor?
- Ist die hier durchgeführte Darstellung von Iod technisch wichtig? Wie kann elementares Iod aufgereinigt werden?
- Das von DEACON historisch angestrebte Produkt war „Bleichlauge". Was ist das und wie könnte eine Syntheseroute von Salzsäure zu Bleichlauge aussehen?
- Warum reagiert Chlor mit einer Iodid- jedoch nicht mit einer Fluoridlösung?

Versuch J6 – Das BAYER-Verfahren *(mittel)*

Durchführung: In einem 300-mL-Erlenmeyerkolben wird 1 g roter Bauxit mit 15 mL Natronlauge (NaOH, 40 %-ig, $c = 14$ mol/L) versetzt. Die Suspension wird für 10 min gekocht. Die auf Raumtemperatur abgekühlte Suspension wird zentrifugiert, die Lösung abdekantiert und mit so viel Ammoniumchlorid (NH_4Cl) versetzt, dass der pH-Wert unter pH 10 sinkt. Beim erneuten Aufkochen der Lösung für 10 min (dabei pH-Wert prüfen!) bildet sich ein weißer Niederschlag, der aus Aluminiumhydroxid besteht. Der Niederschlag wird abzentrifugiert, mehrmals mit wenig Wasser gewaschen und im Trockenschrank getrocknet.

Eigenschaften: weißes Pulver, löslich in starker Säure *und* Lauge

Vorbereitungsfragen:
- Welche Bestandteile enthält der im Bergwerk abgebaute Bauxit?
- Welche Aluminiumspezies werden im Laufe des Versuchs gebildet? Zeichnen Sie eine Graphik, die die pH-Abhängigkeit der Anteile der verschiedenen Spezies an der Gesamtkonzentration von Aluminium zeigt!
- Welche chemische Eigenschaft von $Al(OH)_3$ ist von zentraler Bedeutung für das BAYER-Verfahren (Fachbegriff)? Was ist der Hauptbestandteil des im BAYER-Verfahren abgetrennten „Rotschlamms"?
- Wie gewinnt man in weiteren Reaktionsschritten Aluminium aus $Al(OH)_3$? Warum kann roter Bauxit nicht direkt zur Aluminiumgewinnung eingesetzt werden?
- Der technische Prozess zur Gewinnung von Al_2O_3 findet unter solvothermalen Bedingungen statt. Was bedeutet das? Siliciumhaltige Verunreinigungen wie SiO_2 werden unter diesen Bedingungen zu $Na_2[Al_2SiO_6]$ umgesetzt. Formulieren Sie die Reaktionsgleichung!

Versuch J7 – Die Kupferraffination *(mittel)*

Durchführung: In ein 400-mL-Becherglas gibt man 100 mL Wasser und versetzt dieses mit 1 mL konzentrierter Schwefelsäure (H_2SO_4). In diese Lösung werden ein gereinigtes, tariertes Platinnetz und ein Messingstab im Abstand von ca. 1 cm voneinander eingetaucht (Abb. 4.9). Nun füllt man das Becherglas mit so viel Wasser auf, bis das Platinnetz vollständig bedeckt ist. Die Lösung wird in einem Wasserbad auf 60 °C erwärmt und die Elektroden mit einer Gleichstromspannungsquelle verbunden (Pt: Kathode, Messing: Anode). Bei einer angelegten Spannung von 1 V wird nun für 1 h elektrolysiert. Die Platinelektrode spült man nach der Elektrolyse mit Wasser und Ethanol ab, trocknet sie im Trockenschrank und bestimmt die Massendifferenz.

Abb. 4.9: Versuchsaufbau Präparat J7: Kupferraffination.

Reinigung: Vor und nach dem Versuch ist die Platinelektrode zu reinigen! Dazu legt man das Platinnetz für 0.5 h in halbkonzentrierte Salpetersäure (HNO_3, c = 7 mol/L), spült es danach mit Wasser und Ethanol ab und trocknet es schließlich im Trockenschrank.

Vorbereitungsfragen:
- Wie erfolgt technisch die Gewinnung von Rohkupfer aus kupfersulfidhaltigen Erzen? Formulieren Sie Reaktionsgleichungen!
- Welche Verunreinigungen enthält das Rohkupfer gewöhnlich?
- Warum muss die Lösung mit Schwefelsäure versetzt werden?
- Was ist Messing und wie gelingt im durchgeführten Versuch die selektive Abtrennung von Kupfer?
- Was ist Anodenschlamm und warum ist er durchaus begehrt?
- Warum muss eine Spannung von 1 V angelegt werden, obwohl der Gesamtprozess theoretisch eigentlich gar keine Spannung erfordern würde?

Stichwortverzeichnis

https://doi.org/10.1515/9783110677843-005

www.ingramcontent.com/pod-product-compliance
Lightning Source LLC
Chambersburg PA
CBHW081547220326
41598CB00036B/6590